纽荷尔脐橙

U0364752

奉节脐橙

福本脐橙

红肉脐橙

林娜脐橙

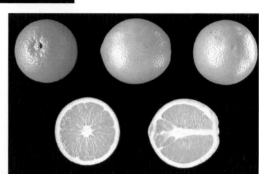
晚脐橙

斑菲尔脐橙

脐橙育苗

纽荷尔脐橙 3 年生幼果园

脐橙缺铁症状

脐橙缺锌症状

脐橙缺硼症状

潜叶蛾危害叶片症状

潜叶甲危害叶片症状

锈壁虱危害果实症状

用黄色黏纸捕杀蛾类等成虫

用频振式杀虫灯捕杀吸
果夜蛾等成虫

国家重点图书

专家为您答疑丛书

脐橙生产关键技术
百问百答

沈兆敏 等 编著

中国农业出版社

编写人员

沈兆敏　　徐忠强　　汪小伟

向太红　　李永安　　邵蒲芬

包　莉　　张树清　　陈天清

刘先进

前　言

　　全球有 135 个国家（地区）生产柑橘，2007 年柑橘栽培面积、产量分别达到 766 万公顷和 1.2 亿吨，栽培面积和产量均居百果之首。

　　誉称"甜橙之王"的脐橙，因其营养丰富，色、香、味三绝，经济价值高，2007 年全球有 100 多个国家生产脐橙，栽培面积和产量达到 76.7 万公顷和 900 万吨以上，分别占柑橘栽培面积和产量的 10% 和 7.5%。

　　我国是脐橙生产大国，2007 年栽培面积 18.7 万公顷，产量接近 180 万吨，已成为我国南方农村的重要支柱产业，受到消费者的青睐，市场前景看好。然而，脐橙产业也面临单产低，品质良莠不齐，农资涨价，果品出现滞销，跌价等诸多问题。想要在日趋激烈的竞争中立于不败之地，取得好的效益，脐橙生产者、经营者必须依靠科学技术，掌握科学知识，实行科学种果，科学管果。为帮助大家掌握科学技术，解决生产中遇到的问题，特地编写了《脐橙生产关键技术百问百答》一书。

　　本书主要介绍了脐橙生产的概况，脐橙果树的生物学特性及对环境条件的要求，着重介绍了优新品种、苗木繁殖、园地建设、土肥水管理、整形修剪、花果管理、灾害防治、病虫害防治以及采收和产后处理等内容。全书内容丰富，技术实用，可操作性强。文字通俗易性，图文并茂，可供广大果农、技术人员和农业院校师生参考。

　　本书在编写过程中参阅、引用了不少资料、图示，在此一并致谢。限于时间仓促，水平有限，书中不妥，甚至错误之处，敬请不吝指正。

编　者

2008 年 11 月

目 录 ▪▪▪▪▪▪▪▪▪▪▪▪▪▪▪▪▪▪▪▪▪▪▪▪▪▪▪▪

一、概　述

1. 脐橙在柑橘产业中的地位如何？

答：柑橘作为商品，主要分甜橙，宽皮柑橘，柠檬、来檬，葡萄柚、柚四大类。脐橙是甜橙类中的主要品种群，是甜橙中鲜食，乃至柑橘中鲜食的佼佼者，誉称鲜食的"甜橙之王"。

目前全球生产柑橘有 135 个国家和地区。2007 年全球柑橘的栽培面积为 766 万公顷，柑橘栽培面积居世界前 5 位的分别是：中国，187 万公顷，占全球柑橘栽培面积的 24.4%；巴西，90 万公顷，占全球柑橘栽培面积的 11.8%；尼日利亚，60 万公顷，占全球柑橘栽培面积的 7.9%；墨西哥，46.6 万公顷，占全球柑橘栽培面积的 6.1%；美国，45.3 万公顷，占全球柑橘栽培面积的 5.9%。

2007 年全球柑橘产量 1.2 亿吨，柑橘产量居世界前 5 位的分别是：巴西，1 980 万吨，占全球柑橘产量的 16.5%；中国，1 900 万吨，占全球柑橘产量的 15.83%；美国，1 450 万吨，占全球柑橘产量的 12.1%；墨西哥，680 万吨，占全球柑橘产量的 5.67%；西班牙，650 万吨，占全球柑橘产量的 5.42%。

全球生产脐橙的国家和地区有 100 多个，主要生产国家是美国、巴西、中国、西班牙、意大利、摩洛哥、墨西哥、以色列、南非、阿尔及利亚、澳大利亚和日本等国。全球脐橙栽培面积约 76.7 万公顷，占柑橘总栽培面积的 10%，产量约 900 万吨以上，占柑橘总产量的 7.5%。栽培面积最大的是中国，为 18.7 万公顷；产量最大的是美国，为 300 万～320 万吨。

2. 种植脐橙有哪些重要意义？

答：脐橙与其他柑橘一样，具有以下重要意义：

（1）长寿、丰产，经济效益高 脐橙经济（有经济效益）寿命长，在常规的栽培条件下有 40～50 年，种植脐橙前期投入相对较大，但因其投产后能长期连年结果，持续丰产，仍是当前脐橙适栽地果农种植柑橘的首选品种。

脐橙种植，根据目前的栽培管理，小面积平均每 667 米^2 产 2 吨，大面积（66.7 公顷以上）平均每 667 米^2 产 1 吨不难达到，以每千克 1.5～2 元计，每 667 米^2 产值至少 1 500～2 000 元，扣除 25% 成本，每 667 米^2 收入 1 125～1 500 元。

（2）营养丰富，色香味兼优 脐橙营养丰富，不少营养成分比其他柑橘高。据日本小林章等报道：从分析温州蜜柑、夏柑、文旦（柚）、椪柑、柠檬和脐橙 100 克可食部分的 15 个营养成分中，其中的热量、糖、钙、铁、维生素 A、维生素 B$_2$ 等 6 项营养成分脐橙位居榜首。

脐橙色香味兼优，极宜鲜销。果色橙黄至橙红，果面油胞较细、光滑、有光泽；脐橙所具的芳香，是果实成熟后生成的高级醇、酯、醛、酮和挥发性有机酸物质所致；脐橙糖高、酸低、味清甜，肉质脆嫩。脐橙独特的色、香、味，增加了对消费者的诱惑力。

（3）全身是宝，可综合利用 脐橙果实最适鲜食，但鲜果也可榨汁，随榨随饮，别有风味。脐橙花量大，其花可熏制芸香茶；果皮、叶片和嫩枝可提取香精油，可谓全身是宝。

（4）品种繁多，可季产年销 脐橙的栽培历史虽不及宽皮柑橘长，但因其容易产生芽变，品种、品系十分丰富，果实成熟期从 10 月下旬至次年的 3 月底前后，形成了早、中、晚熟期的品种群，为各地品种选择，果品季产年销提供了条件。

3. 我国脐橙生产的现状如何？

答：我国生产柑橘的 19 个省（直辖市、自治区），除地处北亚热带边缘的上海、江苏、安徽、甘肃、陕西、河南 6 个省（直辖市）和西藏外，其余 12 个省（直辖市、自治区）均可生产脐橙。但主产脐橙是重庆、江西、湖北、湖南和四川；广西、福建、浙江、云南、贵州也有脐橙生产；广东、台湾脐橙种植少。

我国种植脐橙的历史不长，但发展速度很快。20 世纪 70 年代以前全国脐橙面积不足 0.67 万公顷，产量仅 2 万吨左右，到 2007 年，脐橙面积猛增到 18.7 万公顷，产量上升到 180 万吨，脐橙面积居世界之首，产量仅次于美国，居世界第二位。但平均每 667 米^2 只产 641.7 千克（其中有不少新植的幼树尚未投产）。

我国种植的脐橙品种，20 世纪 60 年代以前主要是老系的华盛顿脐橙、罗伯逊脐橙和汤姆逊脐橙，其后从美国、日本、西班牙引进朋娜脐橙、纽荷尔脐橙、林娜脐橙、丰脐、清家脐橙、白柳脐橙和大三岛脐橙。目前，栽培最多的数纽荷尔脐橙，其次是罗伯逊脐橙、华盛顿脐橙、朋娜脐橙、丰脐和清家脐橙等。品种熟期以中熟品种为主，早、晚熟品种，尤其是晚熟品种很少。

为推动柑橘生产的发展和优质，1985 年和 1989 年农业部组织全国柑橘评优，共评出 92 个优质柑橘，其中 1985 年评出的 27 个优质柑橘中优质脐橙有：重庆奉节奉园 72-1 脐橙、四川眉山 9 号脐橙、四川长宁 4 号脐橙、湖北秭归 35 号罗脐。1989 年评出的 65 个优质柑橘中，脐橙有选自罗伯逊脐橙的四川富顺脐橙、四川江安脐橙、四川金堂脐橙、四川西充脐橙；选自华盛顿脐橙的湖南新宁脐橙、湖南零陵脐橙、湖南耒阳脐橙、江西大余脐橙；以及湖北秭归的纽荷尔脐橙和江西信丰的纽荷尔脐橙。

20 世纪末，国家下达 948 项目，又从美国、澳大利亚、西班牙、日本等国引进红肉（卡拉卡拉）脐橙、夏金脐橙、晚棱脐橙、福本脐橙等品种，丰富了脐橙品种资源。

全国生产脐橙的县（不包括台湾省的县）有256个。重要的生产县（市、区）有重庆的奉节，四川的眉山、金堂，湖北的秭归，湖南的新宁、洞口，江西的信丰、赣州、寻乌、安远，浙江的三门，广西的富川等。

4. 我国脐橙生产有哪些主要问题？

答：与世界脐橙主产国相比，我国脐橙生产的差距仍很大，主要问题如下：

(1) 单产偏低，比例不当 如前所述，我国脐橙平均每667米^{2}产571.4千克，为世界脐橙平均每667米^{2}产900千克的63.3%，为美国、以色列脐橙平均每667米^{2}产2吨的28.6%。

脐橙早、中、晚熟品种比例不当，绝大多数是年内11月、12月成熟的中熟品种，早、晚熟品种少，影响脐橙应市、效益和持续发展。

(2) 外观、内质有待提高 作为鲜销脐橙，其外观、内质十分重要，好看、好吃是消费者购买的前提。我国有不少外观美、内质优的脐橙，但因栽培管理不到位和采后处理、运输滞后而影响外观、内质。外观（包括包装）跟不上，果品未到消费者手中就已伤痕累累。内质的不一致性，同一品种、品牌，不同年份品质、口感不一。改进包装，改善外观，提高内质和内质的一致性，是增加脐橙竞争力的关键。

(3) 处理滞后，出口很少 与其他主产脐橙国相比，我国脐橙的商品化处理滞后。美国脐橙商品化处理占总产量的100%，我国脐橙的商品化处理不足50%。

出口的脐橙鲜果很少，比例为总产量的1.6%，与世界出口脐橙占总产量的10%以上相比，差距很大。

(4) 强化管理措施不力 脐橙产业是一项技术性强的系统工程，需要严格地管理，才能顺利地发展，取得好的效益。我国的良种繁育体系才起步，在生产中的推广应用需要时间，苗木市场混乱的现象依然较为严重。更有甚者，非疫区到疫区购种苗、买接穗累禁不止，疫区的柑橘在非疫区市场销售一路通畅，所有这些加剧了品种良莠不齐、真假难分、检疫性病虫害的蔓延。

(5) 生产体制急需变革 脐橙生产是商品生产，目前生产的果品已进入大市场、大流通。而我国的生产体制多数还是小生产。小生产与大市场的矛盾日趋激烈，急需变革。目前推出的龙头企业带基地、带农户，果农组织起来，成立专业生产合作社，土地流转，规模经营，规范管理，实行产、供、销一体化，刚刚起步，要使其正常、有效地运转，仍需下大力气和得到方方面面的支持。

(6) 整体素质差距不小 脐橙产业的做强，衡量的标准是脐橙业的整体素质。我国脐橙产业与发达国家的脐橙业相比，整体素质低，差距大，表现在产业的单产、产品质量、商品率、供应期、品牌，果农的技术素质，投入生产的技术力量以及营销者的技能等各个方面。

脐橙产业整体素质的提高，将促进我国由柑橘大国向柑橘强国的转变。

5. 为什么要种植（发展）晚熟脐橙？应该注意哪些问题？

答：我国柑橘早、中、晚熟品种比例不合理，85％是11、12月两个月内成熟的中熟品种，10月底以前成熟和第二年成熟的早、晚熟品种不足15％，晚熟品种则更少，不足5％。脐橙的熟期，同样如此，多数在年内的11、12月成熟，晚熟品种种植极少。

种植晚熟脐橙：一是可使脐橙季产年销，周年供应，减轻中熟脐橙过于集中带来的人力、物力、运力和市场的压力；二是使种植者获取好的经济效益。采摘期集中，货多价贱，货贱伤农，晚熟种次年的1～3月底成熟，其间正逢春节，品尝刚摘下的鲜果比采后贮藏的果更受消费者欢迎。

以往脐橙主要是中熟品种的罗伯逊脐橙、华盛顿脐橙、纽荷尔脐橙等。20世纪末起，我国自行选育和从国外引进了晚熟的脐橙，如国内选出的奉节晚脐，从国外引进的晚脐橙、晚棱脐橙、夏金脐橙、斑菲尔脐橙、鲍威尔脐橙和切勒斯特脐橙等，经试种表现优质、丰产，可供大多脐橙产区种植。

晚熟脐橙种植应注意以下诸点：一是因其果实挂树越冬，种植地要注意冬季无严寒，极端低温在−3℃以上，最好在0℃以上；二是因果实挂树时间长，比早、中熟脐橙更需加强肥水管理和病虫害防治；三是选好地域，规模种植，以利护果、市场开拓和产生规模效益，不宜零星种植。

6. 什么是无公害脐橙、绿色脐橙和有机脐橙？

答：无公害食品是农业部颁布的食品生产标准，无公害优质、洁净、安全的食品，其污染物含量要符合规定要求，在规定的标准值以下，对人体食用是安全的，属于无公害食品，相当于A级绿色食品。按照此标准生产的脐橙被认定为无公害食品，即为无公害食品——脐橙，或无公害脐橙。

绿色食品是指遵循可持续发展原则，按照特定生产方式生产，经专门机构认定，许可使用绿色食品标志商标的无污染的安全、优质、营养类食品。分为A级和AA级。A级绿色食品：系指生产地的环境质量符合NY/T391的要求，生产过程中严格按照绿色食品的生产资料使用准则和生产操作规程要求，限量使用限定的化学合成生产资料，产品质量符合绿色食品产品标准经专门机构认定，许可使用A级绿色食品标志的产品。AA级绿色食品：系指生产地环境质量符合NT/T391要求，生产过程中不使用化学合成的肥料。农药和其他有害于环境和身体健康的物质，按有机生产方式生产，产品质量符合绿色食品产品标准，经专门机构认定，许可使用 AA 级绿色标志的产品。A 级相当于无公害食品，AA 级等同于国际上的有机食品。目前绿色食品的90％以上为 A 级，AA 级较少。脐橙被认定为绿色食品。

有机食品是无公害、绿色、有机三类食品中安全等级最高的食品。它是由发达国家率先兴起，近年在国内迅速发展，是迄今为止要求最为严格的生态安全环保食品。有机食品是有机农业的产物，是指在生产和加工中不使用任何化学合成肥料、农药、植物生长调节剂、添加剂等物质，不采用基因工程获得的生物及其产物，遵循自然规律和生态学原理，在一个持续稳定的农业生产体系内，采用一系列可持续发展的农业技术生产和加工出来的产品。生产者在有机食品生产、流通过程中有完善的追踪体系和完整的生产、销售档案；必须通过独立的有机食品认证机构的认证。脐橙被认定为有机食品。

7. 为什么要发展有机脐橙？

答：到 2008 年，全球有机食品销售额将达到 800 亿美元。1995 年我国有机食品开发和认证工作开始，现在正进入快速发展期。至 2005 年我国获得有机认证（含转换认证）的有机食品种植面积97.8 万公顷，占我国可耕地总面积的 0.76％，预计到2015 年有望达到 4％～5％的市场份额。中国食品消费市场升级趋势明显，已基本走了无公害食品、绿色食品阶段，正迎来有机食品的新时代。

提升脐橙产业，应大力发展有机脐橙产业。其理由有五：

一是提高安全的要求。脐橙生产中化学物质的长期施用，导致脐橙品质下降。长期以来依赖化肥、化学农药，农家肥、绿肥使用逐年减少，使脐橙树体免疫力、丰产性状和果实品质逐步衰退。有机脐橙产业的推进将结束化学肥料、化学农药在有机脐橙基地的使用，取而代之的是沼肥、有机肥、生物农药等无毒害无残留的农资，可逐步恢复和增强脐橙树势和抗逆性，提升果实品质和绝对的安全。

二是增强市场竞争力。我国脐橙销售难的现象时有出现，特别是2007年底和2008年初的冰雪灾害加剧了脐橙的卖果难。江西赣南脐橙销售也遭遇巨大困难，然而，其生产的有机脐橙却都幸免于难，均在2007年12月上旬以高出普通脐橙1倍的价格，被北京、上海慕名而至的客商一抢而空。可见有机脐橙的竞争力惊人。

三是国内有机脐橙已诞生。江西有机脐橙产业已起步，2007年8月14日，江西兴国县的蒙山脐橙场顺利通过了国家环保总局有机食品认证中心（OFDC）的权威认证，成为全国首个通过有机食品认证的脐橙基地，基地生产的"皇庭"牌脐橙贴上有机认证标志畅销市场。同年，江西还诞生了全国第一个有机脐橙专业合作社——"上犹县客家红赣南有机脐橙专业合作社"。目前，该合作社正准备申报国家级有机脐橙生产示范基地。位于长江三峡夔门的奉节脐橙基地，也凭借其独特的生态优势，拥有富硒元素的土壤和已栽培出可以内生SOD（超氧化物歧化酶）菌株的脐橙树。硒和SOD都具有增强人体免疫力，养颜防癌抗衰老等保健功能。通过争创有机脐橙产业，以有机农业作为最为严格的农业标准化生产和环境控制体系，恰能确保富硒SOD脐橙保健品的质量安全性和纯正的口感风味。由上可见，国产脐橙有机品牌的竞争已经开始，不介入无疑会失去脐橙高端市场。

四是生物防治技术有了新突破。有机脐橙不使用任何化学农药，是有机脐橙生产的技术难点。近年来，中国农业科学院的有关专家首创新型生物农药——生物免疫农药，即从真菌中分离提取出的一种热稳定蛋白，通过促进植物体内与抗病相关物质合成，增强植物对病毒侵袭和病虫害的免疫力，从而达到抗病防虫作用。这必将促进有机农业、有机柑橘业、有机脐橙业的发展。

五是突破贸易技术壁垒。我国加入 WTO 后，发达国家纷纷以提高检疫标准、增加检测项目为手段，用技术壁垒限制进口我国农产品。唯独有机机认证标准得到国际的认可和接受。有机食品、有机脐橙是创汇的希望所在，会在竞争激烈的国际市场大展风采。

8. 我国脐橙生产在激烈的竞争中取胜应采取哪些对策？

答：我国脐橙业虽已取得长足的发展，但在今后更为激烈的竞争中要想得到持续发展，必须从国内外市场的需求出发，充分发挥脐橙产业的优势，尽力缩小与世界脐橙产业的差距。在加强栽培管理、提高单位面积产量、提高商品果率、优质果率上狠下工夫；加强产后的果品商品化处理，不断开拓国内外市场，使脐橙产业形成"丰产、优质、高效益、低成本"的良性循环，增强竞争实力，迈上新的台阶。

(1) 依据市场，发展品种　脐橙发展最终的目标是市场需求、俏销价好。因此，种植的脐橙品种一定要根据市场需求定位。目前市场对纽荷尔脐橙、福本脐橙、红肉脐橙和晚熟的奉节晚脐等销售看好，应适度发展。

脐橙早、中、晚熟品种的搭配；相对集中成片的规模化生产，形成规模效应；生产体制的变革，变小生产经营为规模化、商品化生产；提倡龙头企业带基地、带农户，发动果农，按自愿的原则参加脐橙专业生产合作社。真正的变革生产体制适应生产发展，要靠各级政府和各方面的支持，企业、专业合作社、果农的双赢、多赢，是产业不断发展的基础。

脐橙为主的鲜销甜橙，主要的市场在国内，努力挤占和扩大我国周边的市场。对欧美市场的竞争，目前要积极争取。

(2) 加强管理，提高单产　良种、适地、适栽，即优良的品种，适宜区域种植，科学的栽培管理是获得脐橙优质、丰产的基础。我国现有脐橙面积中，每 667 米^2 产量能达 1 000 千克的面积占少数，为 25%，多数面积产量 500～600 千克。可见，加强栽培管理，包括改良土壤、增加肥水、改换品种，加强病虫害防治等技术措施到园、到树。脐橙果树当前发展应积极稳妥，重点管好已种植的脐橙，提高其产量、品质和效益。以往在脐橙的发展上有重视建园种植，忽视种后管理。脐橙应是"三分种、七分管"，甚至是"八分管、九分管"。为使脐橙产业持续发展，国家和各级政府对现有脐橙产量和效益的提高应加大支持力度。只种失管，甚至不管，不如不种。

（3）普及技术，提高素质　脐橙生产的过去、现在和将来，要想得到可持续的发展就离不开科学技术，特别是脐橙种植者技术素质要提高，真正掌握实用的生产技术。

我国脐橙优势产区的新发展，原有脐橙单产、品质和效益的提高，乃至脐橙产后的处理、贮藏和营销，都要靠科学技术，靠脐橙从业者综合素质的提高。谁掌握了科学技术，谁具备了综合整体素质，谁就能在发展脐橙产业中致富。

（4）"销"字当头，"发"在其中　脐橙作为商品，与其他商品一样，生产是为了销，"销"字当头，才能"发"在其中。脐橙的种植目标是市场好销。围绕好销的总目标控制发展速度，使产量增加与消费增长同步；既要提高单产，又要注重品质的提高，以求获得好的经济效益；品种熟期的合理配套，使果品季产年销，周年应市，避免果品价格的大起大落而效益下降；重视脐橙的产后处理，提升脐橙的产值。脐橙的销售越好，效益越好，脐橙的发展就越快。脐橙产业"销"字当头，发展自然就在其中了。

二、脐橙品种

9. 脐橙有何特点？有哪些主要品种？

答：脐橙因果顶有脐而得名。脐橙与普通甜橙不同，它一般具有以下性状：一是果顶有脐。整个脐包藏在果实内部，只有顶端留一个花柱脱落后露出的脐腔（称闭腔），或脐腔部分突出果皮（称开脐或露脐）。脐橙内部除大囊瓣外，还有次生心皮发育而成的小囊瓣。二是无核。三是雄蕊退化，花粉败育，通常坐果率很低，产量也不很高。四是较易剥皮、分瓣，肉质脆嫩，味清甜。五是抗逆性较差。六是因花量大，栽培时要求比普通甜橙施更多的肥水。

脐橙在鲜食的甜橙中的比例最大，品种最多。我国大多数引自国外，也有自行选育的。种植的品种有几十个。

国外引入的有：华盛顿脐橙、罗伯逊脐橙、汤姆逊脐橙、朋娜脐橙、纽荷尔脐橙、林娜脐橙、丰脐、阿特伍德脐橙、红肉（卡拉卡拉）脐橙、梦脐、春脐、卡特脐橙、费希尔脐橙、福罗斯特脐橙、晚脐橙、晚棱脐橙、斑菲尔脐橙、鲍威尔脐橙、切斯勒特脐橙、福本脐橙、清家脐橙、大三岛脐橙、白柳脐橙、铃木脐橙、森田脐橙和吉田脐橙等。

国内选育的有：奉节脐橙（奉园72-1）、奉节秋橙（奉园91脐橙）、奉节晚脐（95-1脐橙）、罗伯逊脐橙35号、眉山9号脐橙、长宁4号脐橙、92-1脐橙（萘92-1）、粤引2号脐橙、粤引3号脐橙和脐橙4号等。

10. 华盛顿脐橙及其栽培要点有哪些?

答：华盛顿脐橙（Washington navel orange），又名美国脐橙、抱子橘、花旗蜜橘等，简称华脐。

(1) 品种来历 华盛顿脐橙原产于南美的巴西，以美国为主栽，主要集中在美国加利福尼亚州。我国最早的华盛顿脐橙引自美国。

(2) 品种特征特性 树冠半圆形或圆头形，树势较强，开张，大枝粗长、披垂，小枝无刺或少刺；叶片稍厚，椭圆形。花大，水平花径 4 厘米，花器发育不全，花药中几乎无花粉，一般为乳白色；萌芽、开花较普通甜橙早。果实椭圆形或圆球形，基部较窄，先端膨大，脐较小，张开或闭合；果实大，单果重 200克以上；果色橙红，果面光滑，油胞平生或微突；果皮厚薄不均，果顶部薄，近果蒂部厚。囊瓣肾形，10～12 瓣，中心柱大而不规则，半充实或充实。肉质脆嫩，多汁，化渣，甜酸适口，富芳香。可食率 80% 左右，果汁率 45%～49%，可溶性固形物含量 10.5%～14%，含糖量 9～11 克/100 毫克，含酸量 0.9～1克/100 毫升，维生素 C 含量 50～56 毫克/100 毫升，品质上乘，果实耐贮性好。

(3) 适应性及适栽区域 华盛顿脐橙种植最适的生态条件：年平均气温 18～19℃，≥10℃的年活动积温 5 800～6 200℃，极端低温不低于 -3℃，1 月份平均温度 7℃左右；花期气温最适18～21℃，花期、幼果期空气相对湿度 65%～70%；年降水量1 000 毫米以上，年日照 1 600 小时，昼夜温差大。土壤深厚、疏松，有机质含量丰富，微酸性的砂质壤土。

华盛顿脐橙喜空气湿度相对较低，我国以重庆奉节为中心的三峡库区、江西的赣州均为华盛顿脐橙的适栽区。其他脐橙产区，采取保果措施也可适当种植。

（4）主要物候期　华盛顿橙（其他脐橙亦然）的物候期，因产地的热量条件（气温）不同而有变化，通常南亚热带产区物候期早，中亚热带产区物候期居中，北亚热带产区物候期较晚。

地处中亚热带的湖北秭归，华盛顿脐橙的主要物候期：春梢萌动，3 月 12～19 日，春梢抽梢，3 月 20 日～4 月 11 日，春梢自剪期，4 月 13～28 日；现蕾，3 月 20 日～4 月 20 日，盛花，4 月 23 日～5 月 10 日。第一次生理落果，5 月 12～19 日，第二次生理落果，5 月 27 日～6 月 16 日；夏梢抽梢，5 月 21 日～6 月 16 日，夏梢自剪，6 月 3 日～7 月 8 日，秋梢抽梢，7 月 27 日～8 月 12 日；果实成熟，11 月中、下旬。

（5）技术要点

①适砧壮苗，合理种植：在酸性、中性土壤中，枳砧华盛顿脐橙具有早结果、丰产等优点；但在碱性，尤其是 pH 大于 7.5 的土壤中，则易发生缺铁黄化，而且易感染裂皮病，故宜采用红橘，或资阳香橙作砧木。种植壮苗，苗高 60 厘米以上，干粗 0.8 厘米以上，具有 3 个及以上的分枝。有条件的地域（如重庆、四川、湖北等）可种植以枳、枳橙为砧木的无（脱）毒容器苗，苗高 60 厘米，干粗 1 厘米以上，具 3 个及以上的分枝。

露地苗每年 9～11 月上旬定植，冬季有冻害地域可在春季萌芽前定植。容器苗全年可定植。但伏天盛夏气温高、光照强，定植虽也能成活，但事倍功半；冬季温度太低，特别冬、春干旱的冬季也不适定植。

栽植密度：枳砧、香橙砧、红橘砧华盛顿脐橙，以株距 3 米，行距 4 米，即每 667 米^2 栽 56 株为宜。实行计划密植的可加密，采用 2 米（株距）×4 米（行距）或 2 米×3 米，即每 667 米^2 栽 83 株或 112 株。枳橙砧华盛顿脐橙密度以 3 米×5 米，即每 667 米^2 栽 45 株为宜。

②增施肥料，适时灌溉：华盛顿脐橙花量大，消耗养分多，要求施入比其他甜橙更多的肥料，对水分也敏感，应及时灌水。

肥料以有机肥为主，辅以化肥。施肥时应根据树势和季节，各有侧重。对幼树，在定植后的第一、二、三年未结果幼树，主要是促其抽发春、夏、秋梢，尽快扩大树冠。每年施 6～8 次追肥、1 次基肥。要求勤施薄施，以氮为主，钾次之，辅以少量磷肥。在定植后第四年进入结果初期，应增加施肥量，减少施肥次数。对成年结果树，根据其结果习性，施肥量要各有侧重。

春梢肥：因华盛顿脐橙春梢抽发量大，且绝大部分的花枝，是一年生枝梢的基础，抽发整齐健壮，对当年的开花及产量有重大影响，故春梢肥要早施，在萌芽前 2～3 周施入，肥料以氮为主。

稳果肥：开花消耗了大量养分，谢花后叶片色泽变淡，此时正值果实幼胚发育和砂囊细胞旺盛分裂时期，施肥可提高稳果率。施肥在 5 月份进行，以氮肥等有机肥为主。树势较弱的树也可结合病虫害防治，用尿素或磷酸二氢钾进行叶面喷施。注意防治红蜘蛛时，不宜结合喷尿素，以免加剧红蜘蛛危害。

壮果肥：一般 7 月份施入。此时正值果实迅速膨大和秋梢抽发期，以施重肥为宜。肥料应氮、磷、钾配合。

花芽肥：在 9 月份施下。此时，果实迅速膨大，花芽开始分化，又是根系第三次生长高峰期，施肥后可使树体积累充足的养分，为次年的开花做好准备。肥料应以磷、钾含量高的有机肥为主。

越冬肥：在 11 月份采果前施入。有利于因采果造成的伤口愈合和越冬。肥料以有机肥为主。

施肥量，应根据树龄、树势而定。如重庆市三峡库区的万州、巫山，种植华盛顿脐橙，其幼龄结果树全年施 3 次肥。花前催芽肥，占全年施肥量的 25%；6 月底 7 月初的壮果促梢肥，占全年施肥量的 50%；采果前的壮树肥，占全年施肥量的 25%。成年结果树，每年施 3～4 次肥，施肥量一般以产定肥，每 667 米^2 产 2 000 千克，全年施纯氮（N）22～25 千克，纯磷（P_2O_5）12～14 千克，纯钾（K_2O）18～20 千克。

适时灌水，华盛顿脐橙开花期和幼果期，对高温、干旱很敏感，尤其是 5 月份的高温，会使叶片水分严重亏缺而引起大量幼果脱落。脐橙需水量比其他甜橙大，故在整个花期和幼果期，都应根据其需要灌水。有伏旱的地区，在 7～8 月份应加强灌水，通过灌水使华盛顿脐橙果园土壤相对持水量保持在 60% 以上。地下水位高的华盛顿脐橙果园，应开好排水沟，使地下水位降低到 1.2～1.5 米下；多雨季节，要及时排水防涝害。

③保花保果，促进丰收：华盛顿脐橙花量大，坐果率低，尤其在不适宜的环境条件下种植，如不采取保花保果措施，落花落果严重，甚至导致无收。通常在第一次生理落果前（谢花后 7 天），用浓度 200～400 毫克/千克的细胞激动素（BA）加浓度为 100 毫克/千克的赤霉素（GA$_3$）涂果，或用浓度为 50～100 毫克/千克 GA$_3$ 溶液，进行整株喷施，保果效果良好。

④整形修剪，防治病虫：幼树定植的第一、二年，主要是扩大树冠，有花蕾时予以摘除。整形以摘心、抹芽为主，使树体成为自然圆头形。幼树也有不进行整形修剪的，任其尽量发枝，扩大树冠，仅对砧木上的萌蘖和植株上的花蕾及时去除。

进入结果期的树，采用疏除（删）短截和缩剪的方法进行修剪。修剪时间，以冬季为主，夏季为辅。夏季修剪主要是疏去密弱枝，短截过强夏梢，促进抽发二次梢。

病虫害防治，采取预防为主的方针，防早防好。尤其要做好对红蜘蛛、蚜虫、凤蝶、潜叶蛾、卷叶蛾、潜叶甲、恶性叶甲、介壳虫、锈壁虱、炭疽病、脚腐病、脂点黄斑病等的防治。枳砧华盛顿脐橙要做好裂皮病的防治，有检疫性病虫害的华盛顿脐橙产区，应做好溃疡病、黄龙病和大实蝇的防治。

11. 罗伯逊脐橙及其栽培要点有哪些？

答：罗伯逊脐橙（Robertson navel orange），又名鲁滨逊脐

橙，简称罗脐。

（1）品种来历　罗伯逊脐橙原产美国，系从华盛顿脐橙的芽变中选育而成，1938年首次从美国引入我国，后又陆续从美国等国引入。

（2）品种特征特性　罗伯逊脐橙树冠圆头形或半圆形，树势较弱，矮化紧凑。树干和主枝上均有瘤状突起，枝扭曲，短而密，少刺，略披垂；叶片长椭圆形。果实倒锥状圆球形或倒卵形，较大，单果重180～230克。果实顶部浑圆或微突，较光滑，果皮橙色至橙红色，油胞密，脐孔大，多闭合，中心柱较小，半充实。果肉脆嫩，化渣，味较浓，具微香。果实可食率78.5%左右，果汁率45%～47%，可溶性固形物11%～13%，含糖量9～10克/100毫升，含酸量0.9～1.0克/100毫克。品质好，果实较耐贮藏。

（3）适应性及适栽区域　罗伯逊脐橙的适应性比华盛顿脐橙广，较抗高温高湿，丰产性好，且有串状结果的习性。我国脐橙产区均可栽培，以四川、重庆、湖北、湖南和广西等省（直辖市、自治区）栽培较多。表现结果早，丰产、稳产。

（4）主要物候期　罗伯逊脐橙的物候期与其他脐橙一样，会随海拔上升，物候期相应延后。地处中亚热带气候的湖北秭归，海拔180米处的物候期：春芽萌动，2月5日～3月13日，春梢抽梢，2月15日～3月25日，春梢自剪，4月2～12日；现蕾，4月14～24日，盛花，4月18～25日；第一次生理落果，4月20日～5月15日，第二次生理落果期，5月5日～6月10日；夏梢抽梢，5月12～20日，夏梢自剪，6月10～15日，秋梢抽生，7月下旬～9月上旬；果实成熟11月上旬。海拔250米处的物候期，相对延后：春芽萌动，2月14日～3月15日，春梢抽梢，2月24日～3月26日，春梢自剪，4月6～15日；现蕾，4月19～25日，盛花，4月20～26日；第一次生理落果，4月25日～5月19日，第二次生理落果，5月8日～6月17日；夏梢抽梢，5月16～25日，夏梢自剪，6月14～18日，秋梢抽梢，8月上旬～9月下旬；果实成熟，11月上、中旬。

（5）技术要点

①适砧壮苗：罗伯逊脐橙树势弱，尤其是土壤偏碱的园地种植，以红橘砧为宜。选苗木干高25～30厘米，干粗1厘米，具2～3个分枝，根系发达的健壮苗，最好是脱毒的容器苗。

②改土种植：罗伯逊脐橙种植前，不论是山地或平地（水田）均应改土，有条件的最好实行壕沟改土，以培肥土壤，增加根系生长容积。通常采用计划密植的永久性壕沟宽1米、深0.8米，每立方米施入有机肥100～150千克，混合回填，加密的非永久树行深耕40～50厘米，施入有机肥改土。定植时每穴施腐熟堆肥10千克，过磷酸钙、油饼粉各0.5～0.8千克作基肥。

实行计划密植的，以每667米^{2}栽49～52株，即行距4米，株距3.3～3.5米为宜，永久树行间加密一行（非永久树）即株距3.3～3.5米，行距2米，每667米^{2}栽98～104株；间伐（移）后则株行距为3.3～3.5米×4米。

③肥水合理：幼树以氮为主，配以磷、钾，勤施薄施，少量多次。施肥时期围绕各次梢抽生前后，每年6～8次，每次施入畜粪10千克加尿素20～40克，且随树龄增大，肥量增加。幼树投产前一年或投产后，要促控结合，重施春、秋促梢壮梢肥，培养结果母枝，夏季多采用叶面施肥，结合控梢保果。一般春季株施人畜粪25～50千克，尿素100克，秋肥株施人畜粪25～50千克，复合肥250克，或过磷酸钙100克、尿素100克、硫酸钾50克，或草木灰1千克；秋梢停止生长后，每10～15天，用0.3％尿素＋0.3％磷酸二氢钾进行根外追肥2～3次。春旱、伏旱之地要注意及时灌水。

结果树施肥参照华盛顿脐橙。

④抹芽放梢：为培养早结果，紧凑丰满的树形，采用抹芽放梢，即去零留整，去早留齐，把零星过早抽发的新梢在1～2厘

米时抹除，待全树大部分基枝上 3～4 个新芽萌发时，停止抹芽，让其放出整齐、健壮新梢。第一、二年全年放春、夏、秋 3 次梢，投产后只放春梢、秋梢 2 次，控制夏梢。

⑤保果疏果：罗伯逊脐橙，既保果又疏果，可达优质丰产之目的。保花保果根据树体营养状况和花质、花量，可单独或综合采用以下措施：一是灌水促梢壮花，有冬、春干旱之地，为使春梢抽发早、多、齐、壮和提高花质，若遇土壤含水量低，可在 3 月下旬至 4 月上旬浇水 1～2 次。二是花期喷硼，用 0.1％硼酸或 0.1％硼酸＋0.2％尿素＋0.1％磷酸二氢钾混合液 1～2 次，或用富含硼的优果肥 150～250 倍液，在盛花期、第一次生理落果前、第二次生理落果前喷施 2～3 次，效果优于用 GA_3。三是应用植物生长调节剂和微肥保果：第一次生理落果前，用 GA_3 200 毫克/千克、细胞激动素（BA）400 毫克/千克混合液以毛笔涂抹果梗，第二次生理落果前（5 月下旬），用 GA_3 70 毫克/千克＋0.3％尿素＋0.3％磷酸二氢钾混合液喷施树冠叶片和幼果。四是花前复剪，在脐橙花蕾现白时，抹除弱、密春梢和剪除过多的无叶枝序，以利保花保果。抹除春梢量应控制在 40％～50％内。五是抹夏梢，幼龄结果树 5 月初至 7 月下旬萌发的夏梢嫩芽及时抹除，5～7 天 1 次，8 月上旬放秋梢。

疏花疏果，60：1 的叶果比，产量高，也有以新老叶片为 2.5：1 的产量最高，果实膨大良好，翌年开花结果也好的报道。

此外，注意防止脐黄落果和日灼落果。

⑥间作覆盖：幼龄果园合理间作绿肥、豆类及矮生蔬菜作物，间作时留足树盘。

高温伏旱期覆盖，以降低地表温度；冬、春覆盖可提高地表温度 1～3℃。覆盖有利根系生长，保持土壤水分，增加土壤有机质。

⑦防治虫害：一是防虫害保老叶。春芽萌发前，在冬季清园的基础上，喷药降低红蜘蛛密度，保护上年春、秋梢叶片。二是

防虫害保春梢保花。当春梢长到 5 厘米长时，及开花前 7～10
天，若老叶平均有红蜘蛛 2 头时，应及时防治；在现蕾初期（花
蕾 2 毫米左右），花蕾蛆成虫出现时，及时防治，避免花蕾受害。
三是防治介壳虫保叶保果。4 月下旬至 5 月上、中旬，及 8、9
月是蚧类发生期，应及时防治，以保叶保梢保果。四是防治潜叶
蛾保梢。放秋梢期间，全园有 60%～70% 秋梢萌发，长 0.3～
0.5 厘米时，应及时喷药，连喷 2～3 次。

12. 纽荷尔脐橙及其栽培要点有哪些?

答：**(1) 纽荷尔脐橙**（Newhall navel orange） 原产于美
国，系由美国加利福尼亚州 Duarte 的华盛顿脐橙芽变而得。我
国于 1978 年将其引入，现在重庆、江西、四川、湖北、湖南、
广西等省（直辖市、自治区）广为栽培。纽荷尔脐橙是外观美、
内质优、商品性好的鲜销品种。

(2) 品种特征特性 树冠扁圆形成自然圆头形，树势生长较
旺，尤其是幼树。树姿开张，枝梢短密，叶片呈长椭圆形，叶色
深，结果明显较罗伯逊脐橙和朋娜脐橙晚。果实近圆形至长椭圆
形，较大，单果重 200～250 克。果色橙红，果面光滑，多为闭
脐。肉质细嫩而脆，化渣，多汁，可食率 73%～75%，果汁率
48%～49%，可溶性固形物 12%～13%，含糖量 8.5～10.5 克/
100 毫升，含酸量 1.0～1.1 克/100 毫升。品质上乘。果实 11 月
下旬成熟，耐贮性好，且贮后色泽更橙红，品质也好。投产虽较
罗伯逊、朋娜脐橙晚，但投产后产量稳定，丰产稳产。如脐橙主
产区的江西赣州，6 年生树平均每 667 米^2 产量接近 3 000 千克。

(3) 适应性及适栽区域 纽荷尔脐橙的适应性及适栽区域同
罗伯逊脐橙，通常在脐橙产区都可栽培。

(4) 主要物候期 纽荷尔脐橙在热量条件丰富的江西赣州的
主要物候期：春芽萌动，3 月 3～5 日，春梢抽生，3 月 8～25

日，春梢自剪，4 月 5～20 日；现蕾，3 月 13 日～4 月 10 日，盛花，4 月 19～25 日；第一次生理落果，5 月上、中旬，第二次生理落果，5 月下旬～6 月中旬；夏梢抽生，5 月 25 日～6 月 10 日，夏梢自剪，7 月 8～28 日，秋梢抽生，8 月 18～28 日；果实成熟，11 月上、中旬。

(5) 技术要点

①做好改土定植：定植前，挖定植壕沟，压埋杂草、稻草、饼肥等改土。沟深 0.7 米，宽 1.0～1.3 米。先在沟底放一层稻草，如是红黄壤酸性土，则在稻草上均匀撒些石灰，盖一层土，然后又放杂草、稻草，撒一些石灰，盖一层土。整平后再放稻草、杂草、猪牛粪、桐油饼等，与土混合回填，使沟面高出地面 30 厘米左右。最后，在定植沟面上盖一层腐熟的农家肥，让回填处自然沉实。改土时，每株使用稻草、杂草 20～25 千克，石灰 1.5～2 千克，饼肥和猪牛粪 10 千克。

开春后（有冻害地区）定植。定植后 1～7 天内每天浇 1 次水，10～15 天后开始浇腐熟的稀薄水肥。水肥通常用 25 千克水中加 2～3 千克腐熟的饼肥或人粪尿。以后，每隔 7～10 天浇 1 次，水肥浓度可逐渐提高。一次梢老熟后，改为 15 天施 1 次水肥。

②管好幼树：幼树要做好肥水管理、树体骨架培育、枝梢管理、地面覆盖和病虫害防治等工作。

肥水管理：新植的纽荷尔幼苗，第一年不施化肥，以浇腐熟的有机液肥为主。对 2 年生树，施肥采用勤施薄施的方法，在春、夏、秋梢每次梢抽发前，各施一次促梢肥，每次株施混合化肥 0.4～0.5 千克。化肥混合的方法是：先将尿素 50 千克与硼砂 2.5 千克混合拌匀，再将过磷酸钙 50 千克与硫酸镁 2.5 千克、硫酸锌 3.5 千克混合拌匀，最后将硫酸钾 50 千克与上述已拌匀的混合肥料一起拌匀。冬肥在 10 月中旬施，每株施腐熟猪栏肥 20～25 千克，混合化肥 0.4～0.5 千克。

在春、冬两季，结合中耕，每株撒石灰 1.0～1.5 千克（酸性红黄壤）。

水分管理：要求排水沟畅通，以防雨天积水；旱时能及时灌水，保证植株正常生长。

树体骨架培育：定植后前两年，主要培养丰产树形，在20～25 厘米处定干，促生分枝，留 3 个培养成主枝。当苗木呈一干3 主枝后，在主枝上培养副主枝，每个主枝两侧各留一个侧枝，这样就形成了干枝。以后继续按"三三制"的方法扩大树冠。

枝梢管理：定植（春植）后第一年的 10 月底～11 月中旬（秋梢完全老熟后），喷 2 次赤霉素，浓度为 50 毫克/千克，间隔 15 天左右，以控制花芽分化，有利扩大树冠。在第二年，应重视扩大和充实树冠，培养足够的结果母枝。2 年生树春梢萌芽较多，不宜重剪，以外围枝短截 3～4 片叶即可。留梢时，枝条中部左右各留一芽，顶端再延长一芽，将多余的芽抹除。使留下的芽梢有足够的空间和养分，促其粗壮延长。

春梢老熟后，将外围枝条短截 3～5 片叶，留基枝 15～20 厘米长。短截后的枝条，顶部会很快萌芽，应将芽抹除 2～3 次，待大部分枝条中部都有萌芽时，再放夏梢。放梢时间以雨过天晴时最适宜。7 月下旬，短截夏梢，留 20～25 厘米长。8 月中旬，放秋梢。

通过上述的精心培育，第二年的秋梢（末段梢）数，一般可达 400 个以上。此为第三年进入结果打下好的基础。10 月上、中旬秋梢老熟后，若树体仍旺，可叶面喷施 1～2 次有效浓度为 300～400 毫克/千克的多效唑，抑制营养生长，促使其花芽分化。

地面覆盖：定植后，前两年树冠小，园地裸露，夏秋可进行覆盖。覆盖材料就地取用，常用杂草、绿肥覆盖，时间在 6 月下旬～7 月上旬，以保湿、降温，确保幼树越夏。

病虫害防治：结果前主要防治红蜘蛛、潜叶蛾、凤蝶、炭疽病和溃疡病（溃疡病区）等。

③管好结果树：结果树管理要抓好肥水管理、树体管理、保果增产、疏花疏果、果实套袋和病虫害防治等工作。

肥水管理：2月中旬施萌芽肥；开花后施稳果肥，稳果肥应本着果多多施，果少少施，无果不施的原则进行；重施壮果促梢肥，壮果促梢肥肥量占全年肥量的50%，同时要根据挂果的多少，确定每株的施肥量；及时施采果肥，一般在10月底至11月上旬施下，以有机肥为主，施肥量占全年的25%。

结果树常以产量定施肥量，每667米^{2}产2 000千克，全年施纯氮（N）20～22千克、纯磷（P_2O_5）13～15千克、纯钾（K_2O）16～18千克。

水分管理：旱季及时灌水，梅雨季节及时排水防涝。

树体管理：疏春梢结合疏花疏蕾进行。对春梢丛生枝，采取"三去一，五去二"的原则，疏密留稀，疏短留长。对抽发的夏梢，要及时抹除。7月底、8月初，统一放秋梢。8月下旬以后抽生的秋梢，应予以抹除（冬季有冻害产区）。要剪除扰乱树形或造成郁闭的枝条，以保证树冠有足够大小不等的"天窗"。结果2～3年后，采取隔株压缩的办法防止树冠郁闭（每667米^{2}栽76株以上的，即株距2.5米，行距3.5米），当树冠被压缩到一定程度后，可作间伐或间移。

保果增产：防止幼果脱落，在花谢3/4时，用中国农业科学院柑橘研究所生产的增效液化BA＋GA_3（喷布型）对幼果进行树冠喷施，每瓶（10毫克）加水12.5～15千克，连喷2次，间隔15天。防止脐黄，可在第二次生理落果开始时（5月中、下旬），于幼果脐部涂抑黄酯（Fows），每瓶（10毫克）加水0.35千克。防止裂果，可采用绿赛特每包（15克）加50%～70%的酒精或50度白酒50毫克左右搅拌溶解后，加水40～50千克，于8月上旬开始，每隔15天喷1次，连续喷3次。注意，药剂要随配随喷。

疏花疏果：3月上旬，花蕾显白前疏花，摘除部分无叶花。6月底至7月上旬，结合夏剪进行疏果，疏去密生果、小果、病果和畸形果等。

果实套袋：为提高果实质量，特别是外观，可在第二次生理落果结束后的6月底～7月中旬开始套袋。

病虫害防治：除防治幼树期的病虫害外，还要注意果实病虫害的防治。主要是溃疡病（病区）和锈壁虱。

13. 红肉脐橙及其栽培要点有哪些？

答：红肉脐橙，又名卡拉卡拉脐橙。

(1) 品种来历 红肉脐橙系秘鲁选育出的华盛顿脐橙芽变优系。20世纪末，我国从美国引进，现在重庆、四川、湖北、浙江等省（直辖市）有少量种植，均表现出特异的红肉性状。

(2) 品种特征特性 树冠圆头形，树势中等，树冠紧凑，多数性状与华盛顿脐橙相似。叶片偶有细微斑点现象，小枝梢的形成层常显淡红色。果实圆球形，平均单果重190克左右，果面光滑，深橙色，果皮薄、厚0.3～0.4厘米，囊瓣11～12瓣；可食率73.3%，果汁率44.8%，可溶性固形物11.9%，含糖量9.07克/100毫克，含酸量1.07克/100毫克，固酸比11.12，糖酸比8.48，维生素C含量45.84毫克/100毫克。果实成熟后果皮深橙色，果肉在10月即呈现浅红色，12月中旬成熟后呈均红色，色素类型为类胡萝卜素，存在于汁胞壁中，榨出的汁多为橙色。红肉脐橙肉质致密脆嫩，多汁，风味甜酸爽口，其最大的特色是果实果肉呈均匀红色。可作为鲜食脐橙的花色品种。

红肉脐橙，丰产性较好，着果多，高换3年后株产17.9千克。

(3) 适应性及适栽区域 红肉脐橙最适种植的区域是：≥10℃的年活动积温5 500～6 500℃，果实成熟前的10月底～11

月昼夜温差大的脐橙适栽区，且冬天霜冻或有霜冻出现时间 12 月底以后或时间短暂的区域适宜种植，长江中上游为适栽区，可适度发展。但热量条件稍逊的地区栽培表现果实偏小，大小不整齐。

（4）主要物候期 红肉脐橙在中亚热带气候的湖北秭归的主要物候期：春梢生长（萌芽至自剪），2 月下旬～4 月上旬，夏梢生长，5 月上旬～6 月上旬，秋梢生长，8 月 7 日～9 月 10 日；现蕾，3 月上旬，开花，4 月中旬；第一次生理落果，5 月上旬～6 月上旬，第二次生理落果，6 月中旬～6 月下旬；脐黄，发生在 7 月上旬～8 月上旬。果实，12 月下旬成熟，至次年 1～2 月品质仍好。

（5）技术要点 红肉脐橙，又名卡拉卡拉脐橙，以其红色的果皮、果肉受人青睐。其栽培要点如下：

①选好砧木：红肉脐橙与枳、枳橙、枳柚、温州蜜柑及甜橙嫁接的亲和性均好。枳、枳橙、枳柚可作砧木；温州蜜柑、甜橙可用做中间砧，用于高接换种以单芽复接（多带木质部）恢复树势、产量较快，通常两年恢复树势开始结果，第三年株产 15～20 千克。

②选好园地：红肉脐橙最适年平均温度 17.5～19.0℃，≥10℃的年活动积温 5 500～6 500℃，果实成熟前的 10 月底～11 月昼夜温差大的脐橙适栽区，如三峡库区海拔 400 米以下地域，冬季无霜冻或霜冻来临较晚则该品种种植更适。

园址要选无旱涝的缓坡地或丘陵山地，适合在松疏、肥沃、深厚、微酸性土壤中栽培。土壤浅薄的种植前要抽槽改土，施足基肥；种植后 2 年内进行树盘扩穴埋有机肥或定期深翻，改良土壤。这样的园地可使红肉脐橙优质丰产。

③大苗定植：选择大苗、壮苗带土定植，最好种植无病毒一年生容器苗。红肉脐橙长势不如纽荷尔脐橙，种植密度：山地株行距 3 米×3 米，即每 667 米² 栽 74 株；平地及缓坡地株行距 3 米×4 米，即每 667 米² 栽 56 株。

④科学肥水：1～3 年生未结果幼树：施肥勤施薄施，每次梢萌动前株施尿素 50～150 克或人粪尿 2～5 千克，促发春梢、夏梢、秋梢。同时，还可在各次梢中期施 1 次氮肥或结合病虫害防治叶面喷施 0.2%～0.3%的尿素或 0.2%～0.3%的磷酸二氢钾，促梢健壮。8 月中、下旬后停止施氮，以防晚秋梢抽发。10 月下旬结合深翻扩穴，以绿肥、厩肥和饼肥作基肥，挖环状沟深施。

成年结果树：施发芽肥、稳果肥、壮果肥。发芽肥：叶色浓绿的植株不施氮肥，仅就冬旱灌水；对长势差、叶色淡深的株施尿素 0.3～0.5 千克，浇水。稳果肥：在现蕾—开花期开环状沟施入。通常株产 50 千克的株施尿素 0.5～0.8 千克、复合肥（氮、磷、钾总含量 45%）1.5～2 千克、人畜粪尿 100 千克。壮果肥：6 月下旬～7 月上旬果实膨大前 10 天左右土施，株产 50 千克的，株施复合肥 2.5～3 千克，对叶色淡绿的植株加施尿素 0.3～0.5 千克。基肥：改采后施为采前施，结合深翻扩穴改土进行，株施有机肥、畜禽栏肥 30 千克。除上述土壤施肥外，还可叶面喷 0.3%尿素、0.2%～0.3%磷酸二氢钾 4～5 次。

红肉脐橙果实膨大期对水分特别敏感，注意及时灌水。

⑤整形修剪：红肉脐橙萌芽力较强，嫩枝易披垂，较易分化花芽，应注意早期采用撑、拉、绑枝等方法整形，主干高宜40～60 厘米。结果后为避免结果过多、偏小，可行疏花疏果，控夏梢、抹晚秋梢、适当促春梢和早秋梢。同时采果后至萌芽前进行修剪疏删丛生枝，使树体通风透光。

⑥摇花保果：花期遇阴雨对红肉脐橙产量影响较大，此时注意摇树落花，既有疏花效果，又可将与幼果黏连的花瓣摇落，防止其霉烂而影响着果或导致果实产生伤疤。

14. 福本脐橙及其栽培要点有哪些？

答：福本脐橙，又称福本红脐橙

（1）**品种来历**　福本脐橙，原产于日本和歌山县，为华盛顿脐橙的枝变。1981 年我国从日本将其引进后，在重庆、四川、湖北、湖南、浙江、广西等省（直辖市、自治区）脐橙产区有少量栽培。

（2）**品种特征特性**　树势中等，树姿较开张，树冠圆头形。枝条较粗壮稀疏。叶片长椭圆形，较大而肥厚。果实较大，单果重 200～250 克。果形短椭圆形或球形。果顶部浑圆，多闭脐，果梗部周围有明显的短放射状沟纹。果面光滑，果色橙红，果皮中等厚，较易剥离。可食率 73%，可溶性固形物 11%～13%，固酸比 16.3。

肉质脆嫩，多汁，风味甜酸适口，富有香气，品质优。福本脐橙在中亚热带气候的重庆，果实于 11 月中、下旬成熟，在热量条件好的南亚热带，可在 10 月下旬前后成熟上市。

（3）**适应性及适栽区域**　福本脐橙最适宜种植在气候温暖、雨量较少、空气湿度小、光照条件好、昼夜温差大且无柑橘溃疡病地区。适宜的砧木为枳，能早结果、丰产，但不抗裂皮病，碱性土壤上种植易出现缺铁黄化；以红橘作砧木，结果较以枳作砧木晚 2 年左右，但后期产量较高，抗裂皮病，但不抗脚腐病。

（4）**主要物候期**　福本脐橙在中亚热带重庆北碚的主要物候期：萌芽，3 月上旬，春梢抽生，3 月中、下旬，春梢自剪，3 月下旬～4 月上旬；第一次生理落果期，4 月底～5 月上旬，第二次生理落果期，5 月下旬～6 月中旬，6 月中旬抽生夏梢，7 月上、中旬夏梢自剪，秋梢抽生 8 月上旬；果实成熟，11 月中、下旬。

（5）**技术要点**

①选择适栽区域：福本脐橙宜选热量条件好，雨量相对较少，空气湿度相对干燥，光照好，土壤疏松、肥沃、深厚，微酸性至中性的土壤中种植。

②选择适砧壮苗：可根据种植园地的土壤条件，选择枳、红

橘作砧木。种植的苗木要健壮、无病，最好是脱毒的健壮容器苗。

③做好土壤改良：福本脐橙的落果、裂果在土壤改良不彻底的园内常会严重发生，应做好土壤改良。通过深翻施有机肥，使土壤的孔隙度增大，通气性、透水性增强，以利防止裂果，维持树势，增加大果率和产量。

④做好肥水管理：根据福本脐橙的生长特性，未结果幼龄树：施肥要少量多次，最好一年施基肥 1 次，春、夏、秋梢抽生、转色各施肥 1 次，以氮、钾为主，配施磷肥。结果树：施萌芽肥、壮果促（秋）梢肥和采前肥，氮、磷、钾配合。福本脐橙对水分敏感，需水时要及时灌水，尤其是萌芽、果实膨大期不能出现水分亏缺。

⑤做好整形修剪：福本脐橙枝梢节间短，各级枝梢的分枝角度小，易形成浓密的树冠，加之叶片肥大，生长旺盛，对花芽形成不利。针对这一特性，应注意做好幼树整形，采取撑、拉措施开展树形。甜橙为中间砧的高接换种树，生长较快，叶片浓密肥大，由于其营养生长旺，表现结果稍晚，着果率低，生产上应通过修剪、拉枝等措施，造就开心形的树形，改善树冠内部通风透光条件，促进花芽分化，以达如期结果、丰产之目的。结果后，树势开张，采果后应加强修剪。

⑥采取保果措施：为使福本脐橙丰产，宜采取综合的保果措施：一是修剪改善树冠通风透光条件，抑强扶弱，保持树体营养生长和生殖生长平衡，促进花芽分化、结果。二是采取激素保果的措施，通常在第一次生理落果前（谢花后 7 天），用浓度为 200～400 毫克/千克的细胞激动素（BA）加浓度为 100 毫克/千克的赤霉素（GA$_3$）涂果，或用浓度为 20～50 毫克/千克的 GA$_3$ 溶液，喷施树冠，保果良好。

福本脐橙树体发育较慢，树冠相对较小，种植密度可适当加大，常以株行距 3 米×4 米，即每 667 米^2 栽 56 株为宜。

15. 奉节脐橙及其栽培要点有哪些?

答:(1) **品种来历** 又名奉园-72脐橙,1972年从重庆市奉节县园艺场选出的优变品种,其母树1958年引自四川省江津园艺试验站(现为重庆市果树研究所)的一株甜橙砧华盛顿脐橙。

(2) **品种特征特性** 树势强,树冠半圆头形,稍矮而紧凑。春梢为主要结果母枝,其次是秋梢。果实短椭圆形或圆球形,单果重160~180克,脐中等大或小,果实橙色或橙红色,果皮较薄,光滑。果肉细嫩化渣。可食率78%以上,果汁率55%以上,可溶性固形物11%~14.5%,含糖量9~11.5克/100毫克,含酸量0.7~0.8克/100毫克。甜酸爽口,风味浓郁,富香气,品质上乘。

(3) **适应性及适栽区域** 以枳为砧木的奉节脐橙,树冠相对矮化、开张,表现抗旱、耐湿,不易感染脚腐病,但不抗裂皮病,且在碱性土壤中易出现缺铁黄化。以红橘为砧木的嫁接亲和性好,生长强健,树姿较直立,但结果较枳砧晚2年左右,但抗裂皮病。

奉节脐橙的适应性与华盛顿脐橙相似,以花期和幼果期的空气相对湿度65%~70%最适,丰产性好。在常规管理条件下,不采取保花保果措施(喷激素)成年树株产可达60千克以上。

(4) **主要物候期** 奉节脐橙在中亚热带气候的奉节县的主要物候期:芽萌动,3月上旬~中旬,春梢抽生,3月中旬~4月上旬,春梢自剪,4月上旬~中旬;现蕾,3月中旬~4月中旬,开花,4月下旬~5月上旬;第一次生理落果,5月上旬~中旬,第二次生理落果,5月下旬~6月中旬;夏梢抽生,5月下旬~6月中旬,夏梢自剪,6月上旬~7月上旬,秋梢抽生,7月下旬~8月中旬;果实成熟,11月下旬~12月上旬。

(5) 技术要点 奉节脐橙因优质丰产，得到了较快的发展，其关键栽培技术如下：

①选择园地：选有水源，土壤肥沃、疏松、深厚、微酸性，光照、热量条件好的缓坡山地或地下水位高、易排水的平地（水田）种植。

②改土建园：对达不到该品种生长发育要求的土壤，要进行改土培肥。首先种植前要开挖深1米，宽1.0～1.2米的定植穴，选用绿肥、堆杂肥、畜栏肥、过磷酸钙等分层与土混合施下，待腐熟后再行定植。种后随植株长大，继续扩穴改土，在3年内完成。通常在树冠滴水线外沿向外扩穴，深50厘米左右，与施肥结合进行。

③肥水管理：脐橙需肥水量大，强调早施、施足。

1～3年生未结果幼龄树：勤施薄施，每次梢萌动前株施尿素50～150克或人粪尿2～6千克，促发春、夏、秋梢，有条件的还可在各次梢中期增施1次氮肥或叶面喷施0.2%～0.3%尿素和磷酸二氢钾，促枝梢充实、健壮。10月下旬结合深翻扩穴，以绿肥、厩肥和饼肥做基肥。

成年结果树：氮、磷、钾肥配合，施肥量：每100千克需纯氮1.1～1.2千克，纯磷0.5～0.6千克，纯钾0.8～0.9千克。7月下旬前重施壮果促梢（秋梢）肥，施肥量占全年肥量的50%以上。株施尿素0.75千克、过磷酸钙4千克、复合肥1千克、腐熟桐饼5千克和堆肥100千克。采果后施复壮肥，占全年施肥量的30%以上，9月底～10月上旬施下，株施尿素0.25千克、过磷酸钙2千克和复合肥0.5千克。

奉节脐橙春季萌芽前、果实膨大期、秋梢抽发前对水分敏感，遇旱要及时灌水。

三、脐橙生物学特性及其
对环境的要求

16. 脐橙根系有哪些功能和生长发育特点？

答：根的主要功能是从土壤中吸收水分和养分，合成、贮运有机营养物质，且因根系深植土壤中，对树体起到固定作用。

脐橙根系分布因砧木、繁殖方式和树龄等不同而异。枳砧脐橙根系较红橘砧、枳橙砧脐橙浅；幼树的根系较成年树的根系浅。脐橙根系深浅还与土壤、地下水位等有关。土壤疏松深厚、地下水位低的脐橙根系较深；土壤板结、瘠薄、地下水位高的根系浅。俗语说"根深叶茂"。脐橙果树在疏松、肥沃、深厚、呈微酸性的土壤中生长发育快，优质、丰产、稳产。

不同生长角度根系的生长发育状况，对脐橙树体生长发育影响很大。垂直根先长、旺长，往往会使植株快长，甚至徒长，有时导致迟迟不开花结果；相反，水平根先长，发育良好，分生须根多，则植株枝梢多，能及时甚至提前结果。

脐橙果树是内生菌根植物，在土壤环境条件下一般不生长根毛，而靠与其共生的真菌进行水分和养分的吸收。

脐橙的根系在一年中有几次生长高峰，且不同的脐橙产区有一定的差异。据观察，地处南亚热带的华南，冬、春温暖，土壤湿度又较高，脐橙先长根，后抽春梢；春梢大量生长时，根系生长微弱，待春梢转绿后，根系生长加速，至夏梢发生前根系生长达到高峰。以后秋梢大量发生前和转绿后又出现生长高峰。中亚热带和北亚热带的脐橙果树通常先长叶后长根。可见脐橙根系生长与枝叶生长互成消长关系，轮流进行。

脐橙的根系与枝叶既互相依存，又互相制约。根系吸收水分和养分，供枝叶进行光合作用；而叶片制造的养分，又供根系生长发育。根系与地上部又有互相平衡的关系，如大枝回缩或折断，常会促生大量新梢；大根伤断也会重发新根，借以保持根系与树冠的平衡。

17. 脐橙的芽有哪些特性？在生产上如何利用？

答：脐橙植株的生长发育过程广义地讲，可视为芽生长发育的演变和伸展。地上部的树干、主枝、副主枝、侧枝、梢、叶和花等均由芽发育而来。随着芽的增加和积累，形成树冠。芽的生长，是脐橙植株结果、更新的基础。

(1) 芽的特性 脐橙的芽也是裸芽，芽的外面无鳞片，而是由肉质的先出叶包着。因其枝梢生长有"自剪、自枯"的习性，因此无顶芽，只有侧芽。侧芽又称腋芽，着生于叶腋中。脐橙的芽是复芽，即在一个叶腋内着生着数个芽，其中一个先萌发的芽称主芽，其余后萌发或暂时不萌发的芽称副芽。通常在枝梢前端2～3个叶腋中各萌发一个芽，但营养充足时，同一叶腋中可萌发2～4个芽。

脐橙枝梢和枝干基部都有隐芽，隐芽又称潜伏芽。隐芽的寿命很长，当树体受到刺激后，隐芽能萌发成新枝。

脐橙的芽有叶芽、花芽之分，仅能抽生枝、叶的芽称叶芽；萌发后能开花结果的芽称花芽。花芽由叶芽转化而来，外部形态上叶芽、花芽无明显区别。脐橙的花芽属混合花芽，即先抽生枝叶，后开花结果。

脐橙一年能萌发芽数次，即当年生枝梢上的芽当年萌发，并连续形成二次梢、三次梢，这是芽的早熟性。因枝梢内部营养状况和外界环境的差异，在同一枝梢上不同部位的芽存在着差异，这称为芽的异质性，如春梢基部的芽因早春气温低，养分不足，常出现不够充实而成隐芽。以后随气温升高，叶面积增大，新叶开始合成养分而逐渐使芽充实。

(2) 芽的利用 芽是叶、花、枝梢发育的基础。芽有异质性、隐蔽性和早熟性。利用芽的异质性，用短截促发中、下部芽，增加抽枝数量，尽快扩大树冠；利用修剪和扭曲枝条等措施，刺激隐芽萌发，以利树冠更新和补缺填空；利用芽的早熟性和一年多次抽梢的特性，在幼树阶段对枝梢的短截，使一次梢缩短生长时间，多抽一次梢，增加末级梢的数量，尽早扩大树冠和投产。

18. 脐橙有哪些枝梢？春、夏、秋梢如何区分？

答：枝又称梢，是增加叶面积、开花结果的基础。枝梢的主要功能是输导和贮藏营养物质，幼嫩的枝梢还能起光合作用。

脐橙枝梢一年可发生 3～4 次，按发生的时间依次分春梢、夏梢、秋梢和冬梢。由于气温、养分吸收多少不同，各次梢的形态各异。

枝梢以其一年中是否继续生长分为一次梢、二次梢、三次梢。一次梢是一年只长一次的梢，如一次春梢、夏梢、秋梢；二次梢是指春梢上再抽夏梢或秋梢，也有在夏梢上再抽秋梢；三次梢是指在春梢上抽夏梢再抽秋梢。

依生长状态和结果与否，又可分徒长枝、营养枝、结果枝和结果母枝等。

生长枝和结果枝，脐橙的生长枝又称营养枝。凡不着生花果的枝和无花芽的枝，都称营养枝。良好的营养枝可转化为翌年的结果母枝。

徒长枝，是生长特别强旺的营养枝，多数是在树冠内膛的大枝，甚至在主干上。

结果母枝，是指头年形成的梢，翌年抽生结果枝的枝。春梢、夏梢、秋梢一次梢，春夏梢、春秋梢和夏秋梢等二次梢，强壮的春夏秋三次梢，都可成为结果母枝。

结果枝是指结果母枝上抽生带花的春梢，有花的称花枝，落花的称落花枝。又分枝上花、叶俱全的称有叶花枝，又称有叶结果枝，有花无叶的称无叶花枝，又称无叶结果枝。

春、夏、秋梢的区别在于：

(1) 春梢　一般在 2 月下旬至 5 月上旬，雨水至立夏前抽发。因气温低，光合作用产物少，春梢节间短，叶片较小，先端尖，但抽生较整齐。

(2) 夏梢　一般在 5～7 月份，立夏至立秋前抽生。夏梢在春梢上或较大的枝上抽发，数量因树体营养不同而异：幼树夏梢抽生较多，衰老树一般不抽夏梢。夏梢抽发正值高温多雨，水分充足，营养分解快，易吸收，加上抽发量少，故夏梢长而粗壮，叶片较大，但因生长快，枝条呈三棱形，不充实，叶色淡，翼叶宽，叶端钝。夏梢是幼树主要的梢，常利用尽快扩大树冠；结果树夏梢过多，会引起严重落果，通常除用于填空补缺树冠外，应严格控制其抽生。

(3) 秋梢　一般在 8～10 月份，立秋至立冬前抽生。秋梢长势比春梢强，但比夏梢弱，枝条断面也呈三棱形，叶片大小界于春梢、夏梢之间。

19. 脐橙的叶片有哪些功能？

答：脐橙的叶片与其他柑橘的叶片一样，具有光合作用、贮藏作用、蒸腾作用和吸收作用等功能。

(1) 光合作用　叶片中的叶绿素是光合作用不可缺少的物质。据报道，脐橙叶片每制造 1 克干物质，需消耗 300～500 克的水分，最适光合作用的叶温为 15～20℃，叶温达到 35℃时，光合效能降低。当土壤干旱又遇到高温干燥时，土壤灌水或叶面喷水均能提高光合作用。

（2）贮藏作用　叶片是贮藏养分的重要器官。叶片能贮藏树体 40％以上的氮素和大量的碳水化合物。叶片的大小、厚薄、色泽的深浅，是树体健康与否的重要标志之一。叶片变小、色泽变黄，出现落叶是树体不健康的表现。

（3）蒸腾作用　叶片可以蒸腾树体的水分，使树体水分达到平衡。叶片蒸腾作用的拉力是根系吸收水分和养分的动力之源。

（4）吸收作用　由于叶片表面有许多气孔，尤其是叶背面的气孔数为叶面的 2～3 倍。叶片上的气孔能吸收空气中的二氧化碳、水分，吸收多种营养，如氮、磷、钾、锌、镁、硼、锰、钙等。

脐橙叶片寿命一般为 17～24 个月，少量的叶片寿命可长达 36 个月，叶片寿命长短与树体营养条件关系密切。正常落叶主要在春季春梢转绿前后，多为树冠下部老叶片自叶柄基部脱落；若是外伤、药害或干旱造成的落叶，都是叶身先落，后落叶柄。

脐橙优质丰产栽培中，迅速扩大叶面积和树冠，提高叶片质量，提高叶片光合效能，延长叶片寿命和保护好叶片是早结果、丰产、稳产的重要措施。

20. 脐橙有哪些物候期？

答：脐橙与其他柑橘一样，在一年中的生长发育有一定的规律性，并随着气候、季节的更替而变化，称之生物气候期，简称物候期。

脐橙物候期分为发芽期、枝梢生长期、花期、果实生长发育期、果实成熟期、花芽分化期和根系生长期。

（1）发芽期　芽体膨大伸出苞片时，称为发芽期。脐橙发芽最重要的条件是温度，其次是水分。发芽期的迟早与气候、品种有关。

（2）枝梢生长期 脐橙一年中一般抽发 3～4 次梢，按季节分春、夏、秋梢，按生长次数分一次、二次、三次梢，见前述。

（3）花期 脐橙花期分为现蕾期和开花期。

①现蕾期：从能辨认出花芽起，花蕾由淡绿色转为白色至初花期前称现蕾期。重庆产区（中亚热气候）在 2 月下旬至 3 月中旬现蕾。

②开花期：花瓣开放，能见雌、雄蕊时称为开花期。开花期又以开花的量分为初花期、盛花期和谢花期。全树有 5％的花开放时称初花期，25％～75％的花开放时称盛花期，95％以上的花瓣脱落称谢花期。脐橙开花迟早，受气候和品种影响。气温高，开花早。同一区域，罗伯逊脐橙比华盛顿脐橙开花早。

（4）果实生长发育期 谢花后 10 天左右果实的子房开始膨大，到果实成熟前的时期，称为果实生长发育期。果实生长发育期有两次生理落果：带果梗脱落为第一次生理落果；其后，不带果梗而从蜜盘处脱落为第二次生理落果。通常在 7 月初至 7 月上旬结束（中亚热带）。生理落果过多会影响产量，应注意防止。

（5）果实成熟期 果实从果皮开始转色至果实品质达到该品种色泽、果汁、糖酸、风味等固有特性的时期称果实成熟期。脐橙的果实成熟期因品种不同而异，如罗伯逊脐橙比华盛顿脐橙早成熟。

（6）花芽分化期 从叶芽转变为花芽（通过解剖识别）起，直到花器官分化完全止的这段时间，称花芽分化期。脐橙的花芽分化期通常从 10 月份到翌年的 2 月份。

花芽分化又分形态分化和生理分化两个时期。生理分化是花芽分化的临界期，此时是调控花芽分化的关键时期。脐橙花芽分化的临界期大约在果实采收前后不久。

脐橙枝梢形成花芽比形成叶芽需要更多的营养物质和激素。因此，采取有利于营养物质积累的诸如环割、环剥等措施和调节树体内激素平衡的措施，如拉枝、扭枝等均对花芽分化有利。

花芽分化受外界光照、温度、水分等条件的影响。据报道，在白天 24℃，夜间 19℃和 8～12 小时的光照条件下，华盛顿脐橙能有较多的花，且花期较长；当白天温度 30℃，夜间温度 25℃时，则不形成花芽。低温可促进脐橙花芽分化。冬季低温长的年份，则翌年开花多。冬季干旱也影响花芽分化，通常认为，冬季前半期的干旱有利花芽分化，后半期的干旱，会阻碍花芽分化。

21. 脐橙有哪些生物学年龄时期？生产上对各年龄期如何管理？

答：脐橙果树通过无性繁殖开始生长发育、开花结果、盛果丰产，最后直至衰老死亡的整个生命活动中，由于树龄的变化一生分为若干个阶段。根据脐橙生长发育特性，通常将脐橙树分成四个生物学年龄时期，即营养生长期、生长结果期、盛果期和衰老更新期。了解脐橙各生物学年龄时期的特点及其差异，有利于采取正确的栽培管理措施，达到提早结果，延长盛果期，推后衰老期，进而获得优质、丰产和高的经济效益。现将各个时期的特性及其应采取的栽培管理措施简介如下。

（1）**营养生长期** 从接穗发芽到树冠骨架开始形成，首次开花结果的时期称为营养生长期。这一时期的主要特征是，树体离心生长，根系和树冠迅速扩大，开始形成骨架，枝梢生长直立，萌芽早，停止生长晚，生长势强。且树体向高的生长比向横的生长量大，枝长节稀。在重庆、四川和长江中、下游其他省（直辖市、自治区），一年抽 3 次梢，10 月抽的晚秋梢组织不充实，容易引起冻害。热量条件丰富的华南、滇南和台湾南部，还可抽发冬梢。鉴于果树的枝梢一年有多次生长的习性，且"顶芽自剪"，易分生侧枝，分枝多、分级快，主干也因易分枝而形成矮生，加上脐橙又具复芽，因而能形成多枝紧密的树冠，这为栽培上的早结果、早丰产提供了基础。

营养生长期，栽培上的主要任务是加强土壤深耕熟化和肥水管理，促进营养生长，合理修剪，培养健壮的树冠骨干和扎实良好的根系，配备好辅养枝。

脐橙营养生长期的长短，与脐橙品种、繁殖方式、嫁接苗的砧木以及栽培管理关系极大。一般而言，脐橙较柚类结果早，嫁接苗较实生苗能提前 3～4 年结果，以枳为砧木的脐橙比以红橘为砧木的脐橙可提早 2～3 年结果。

（2）生长结果期　从开始结果到大量结果以前的这一时期称为生长结果期。这一时期的特点是从营养生长占优势逐步转向营养生长和生殖生长趋于平衡的过渡阶段，表现在发梢次数多、生长旺，管理不善易发生徒长枝；骨干枝继续形成，树体离心生长由强变弱，即旺盛生长逐渐转向缓慢，后期骨干枝停止生长；结果枝逐渐增多，结果量由少到多，结果部位最初由中、下部开始，逐步进入全面结果；树冠和根系都迅速扩大，树冠内部大量增加侧枝，骨干根大量增加侧根，以后根系和骨干根离心生长缓慢，枝条开张角度增大，枝梢长度变短，充实健壮。初结果的果实较大，果皮较厚，较酸，汁多味淡，随着结果量的增加，果实品质逐渐提高，表现出品种的固有特性。

生长结果期，栽培上的主要任务是在保证树体健壮生长的基础上，大量增加侧枝，扩大叶绿层，迅速提高产量，夺取早期丰产。

生长结果期的长短，受生态条件和栽培措施的影响而有差异。在地下水位高的水田脐橙园植株寿命短，生长结果期仅 3～5 年；而在地下水位低的脐橙园则长达 5～10 年；采用密植栽培和密植栽培管理的，经 3～4 年生长结果期即进入盛果期，稀植的脐橙园可长达 5～8 年。

生长结果期，如若栽培管理不善，容易发生地上部和地下部相互关系的失调，易出现营养生长过旺，导致落花落果，或影响花芽形成。因这一时期，一年春、夏、秋季都发生新梢，热量条件好的地区还抽生冬梢，虽已开始结果，但营养生长仍占优势，在枝梢的长势和数量上比幼树旺盛和更多。因此，需要更多的养分和水分。地下部的根系同样进入旺盛生长，根系向水平方向伸展远远超过树冠冠径，且土壤越瘠薄、管理越差，根系越向土壤表面。这样就使根系极易受土壤水分、土壤湿度变化的不利影响。如能采取土壤改良、深翻压绿，引导根系深长，或合理间种绿肥，水田园注意开沟排水，培土护根，促进根系生长和增强吸收能力，则地上部与地下部能互相营养、互相促进，使植株健壮生长，结果良好。但不少脐橙果园，往往由于土壤条件差，管理跟不上，根系生长不良，特别在夏、秋梢转绿期的高温烈日及土壤干旱和秋、冬干旱使根系吸收的养分不能满足地上部的需要，地上部生长受阻。而地上部的生长不良反过来又影响根系的生长。

营养生长期，也会因营养生长过旺引起不结果和严重落花落果，因为花芽的形成与新梢生长的强度和生长时间长短有一定关系，花芽着生一定类型的枝梢上，而生长旺盛的植株或枝梢到季节很晚仍继续生长，组织不充实，就难以或很少能形成花芽。此外，夏梢的过旺生长，需要更多的营养保证才能充实，这样常使幼果因营养、水分供应不足而脱落。

(3) **盛果期** 盛果期是脐橙果树大量结果时期。这一时期以结果为主，树冠和根系的离心生长趋向停止，树冠扩大到最大，骨干枝生长缓慢，小侧枝大量抽生，大量开花结果，产量达到最高峰。盛果期抽生的小侧枝不断交替发生，早先抽生的出现枯死，树冠叶幕逐渐向外推移，且在树冠上下、内外或各枝序之间常出现交替结果的现象。

盛果期是营养生长和生殖生长相对平衡的时期，这一相对平衡时期越长，盛产期也越长，这是脐橙种植者所需要的。但这一时期的结果量大，树体营养物质的积累和消耗矛盾大，若不注意调节营养生长和生殖生长之平衡，会使平衡遭受破坏，出现产量严重下降，甚至隔年结果。所以，加强树体地上部和地下部的管理，平衡营养生长和生殖生长的关系，延长盛果期，获得高产、稳产，是这一时期的主要任务。栽培技术上，宜适时施重肥，保证有足够的营养，促使连年结果；根据不同立地条件的脐橙园，采取局部深翻改土或客土护根（主要是水田脐橙园）；为了提高同化器官的效能，注意病虫害和自然灾害的防治，保护好叶片；适当疏剪和及时更新侧枝，防止树冠郁闭和早衰，对过密的脐橙园采取间伐（移），使被间伐（移）后的脐橙园有足够的空间，继续丰产、稳产。

（4）衰老更新期　盛果期后，当产量明显下降，骨干枝先端开始干枯，即已进入衰老更新期。衰老更新期间经几次更新，树体即趋死亡。这一时期的特点是产量下降，果实变小，骨干枝先端干枯，小侧枝大量死亡，枝梢次数发生少，仅一次春梢，极易大量落花落果，出现隔年结果。随着营养生长的衰弱和树冠中、下部及内部枝条的枯萎，叶幕变薄，有效结果体积减少；分枝级数越来越高，生长力越来越弱，使春梢也易衰枯，故常在下部发生徒长枝而获得自然更新，经数年形成新的侧枝而结果。脐橙的老龄树，有较强的更新能力，对衰老树加强管理、更新复壮，会有一定的产量，但从品种更新和较高的经济效益考虑，在当前新品种、新技术不断推出的情况下，新栽会比更新老树取得更好的效益。

衰老更新期宜采取及时修剪更新，尽可能保留自然更新枝；加强肥水，特别是施氮；加强根系的更新管理，创造有利于根系生长的土壤和营养条件；适当间伐（移）过密植株等栽培措施。

22.　脐橙对环境条件有哪些要求？

答：脐橙生长发育受热、光、水、风、土壤等诸多环境条件的影响。

(1) 热、水、光和风

①温度：影响脐橙种植的主要因素是温度。温度中最主要的是年平均温度，≥10℃的年活动积温和冬季的极端低温等。脐橙当气温≥12.5℃时开始生长，适宜的生长温度是13～36℃，最适宜的生长温度是23～33℃。脐橙生长结果要求年平均温度15℃以上，最适的年平均温度17.5～18.5℃，≥10℃的年活动积温4 500℃以上，最适的≥10℃的年活动积温5 700～6 300℃，要求冬季的极端低温不低于－3℃。耐低温程度，品种间有差异，据浙江对日系脐橙大三岛、丹下和美系脐橙朋娜的观察，其耐寒性介于温州蜜柑和椪柑之间。也有报道，脐橙是甜橙中最耐寒的品种，能耐－6.5℃低温。

夏季高温影响脐橙生长发育。当气温上升到35℃时，光合作用就降低50%。脐橙花期和幼果期遇到高温、干旱会加剧落花和生理落果，出现异常落花落果。

②水分和湿度：

水分：脐橙生长发育不但需要温暖的环境，而且要求充足的水分。种植脐橙要求年降水量在1 000毫米以上，降水量不足或分布不均的地区种植，要求有水源和灌溉设施。土壤水分要求保持在田间持水量的60%～80%，根系才能正常生长、吸收、运输水分和养分。缺水会对脐橙产生严重影响，萌芽期缺水会延迟萌芽或萌芽参差不齐，进而影响梢的生长；花期干旱，会缩短花期，影响坐果率；幼果期缺水，会加剧落果；果实发育期缺水，可使果实变小，品质变差。严重缺水会危及树体。当蒸腾量大于根系吸收量时，会使枝、叶萎蔫，甚至植株死亡。结果树一旦缺水，叶片与果实争夺水分，导致幼果脱落。水分过多，也会影响开花，导致幼果脱落，果实可溶性固形物含量降低，品质变劣，诱发病虫害，甚至烂根死树。

湿度：因受原产地的深刻影响，多数脐橙品种适宜在相对湿度较低的环境下种植。脐橙对空气湿度的敏感程度，甚至成为某些品种能否栽培的限制因子。如华盛顿脐橙在空气相对湿度65％～75％左右的重庆奉节县栽培可挂果累累，但在空气相对湿度85％以上的重庆北碚栽培，如不采取人为的保果措施，则出现"花开满树喜盈盈，遍地落果一场空"的惨象。湿度过低也不利脐橙坐果，综合国内外脐橙栽培区的情况，相对湿度65％～72％最利脐橙优质、丰产。

脐橙品种不同，对空气相对湿度的要求也不同。华盛顿脐橙对空气相对湿度特别敏感。近十多年从美国、日本、西班牙引进的纽荷尔脐橙、朋娜脐橙、清家脐橙、大三岛脐橙和林娜脐橙，在我国适栽脐橙的省（直辖市、自治区）种植，适应性广，对空气相对湿度与华盛顿脐橙相比较不敏感，丰产性好。

③日照：日照是脐橙果树进行光合作用，制造有机物质不可缺少的光热能源，但脐橙的耐阴性强，仅次于温州蜜柑。脐橙进行正常光合作用的光饱和点为3万～4万勒克司。脐橙果树靠叶片进行光合作用，叶片展开后光合效能随叶龄增加而增加，以12个月左右叶龄的叶片光合效率最高。

日照充足或不足，会给脐橙果树带来不同影响。日照充足，叶片较小而厚，含氮量、含磷量也高；反之，枝叶徒长，对树体、果实的影响也大。光照过强，易使果实受日灼伤，甚至树枝、树干裂皮，日灼与干旱相伴，严重时会死树。

④风：风对脐橙果树既有有利的一面，也有不利的一面。微风、小风可改善脐橙果园和树冠的通风状况，增强蒸腾作用，促进根系对水分的吸收和输导，增强光合效能，还可预防冬、春的霜冻害和夏季的高温危害，以及减少病虫害的发生。

大风、暴风能危害脐橙果树，轻者吹落果实，折枝碎叶，重者折断枝、干，甚至整树连根拔起。此外，干旱伴随热风，加速土壤水分蒸发，使叶片萎蔫，落果严重；冬季寒冷伴随大风，使气温骤降，导致脐橙冻害发生。

（2）与热、水、光相关的因子 与热、水、光相关的因子有海拔高度、坡度、坡向和小地形等。这些因子也会影响脐橙的生长发育。

①海拔：山地种植脐橙，随海拔升高，气温下降，雨量增加，脐橙物候期也随之变化。如四川、重庆长江中上游地域海拔500米及其以下地域种植脐橙能优质、丰产，但海拔500米以上品质、产量会出现下降。

②坡度：是山地和丘陵种脐橙必须考虑的因子，通常坡度要求不超过15°，最大不得超过20°。这是因为随坡度增大，土壤流失加重，建园投资增加，并给栽培管理带来困难。此外，坡度越大，土层越薄，肥力及保水性越差，种植脐橙就不易丰产。

③坡向：脐橙虽属耐阴性强的果树，但种植仍应考虑坡向。通常选东坡、东南坡、南坡和西南坡，夏季炎热，冬季无冻害区域山地丘陵种植脐橙也可利用西北坡和北坡。

④小地形：充分利用有利的小气候地形，如利用大山阻当寒流入侵、大水体（江河、湖泊、大水库等）的增温效应以及山地、丘陵的逆温层种植脐橙，也可获得成功。

（3）土壤 土壤是脐橙生长的基础，肥沃、深厚、疏松的土壤是脐橙优质、丰产、稳产的关键。丰产的脐橙园要求土壤土层深度达1米及其以上，有机质含量3%及其以上，土壤疏松，土壤中氧的含量8%以上。土壤pH（酸碱度）5.5～6.5，土壤质地以砂壤土最佳。

土壤条件差，影响脐橙产量、品质。如土壤板结、黏重、土层瘠薄，pH小于5或大于7.5等均不利脐橙优质、丰产固有特性的表现。

不利的土壤，要种植脐橙果树，种植前必须进行改良。如土层瘠薄地种植脐橙前进行深翻培肥，最有效的方法是种植绿肥，最好是豆科绿肥。

23. 怎样控制脐橙生产环境条件的质量安全？

答：随着经济的发展，生活水平的提高，消费者对食用果品对人体的健康安全日趋关注。因此应十分重视脐橙生产的环境质量安全。

(1) 空气质量 脐橙产地内空气质量较好且相对稳定，产地的上方风向区域内无大量工业废气污染源。产地空气质量应符合《环境空气质量标准》二级标准（GB3095—1996）或《农产品质量安全 无公害水果产地环境要求》空气质量指标（GB/T18407.2—2001）或《无公害食品 柑橘产地环境条件》空气中各项污染物的浓度限值（NY5016—2001）或《绿色食品 产地环境技术条件》空气中各项污染物的浓度限值（NY/T391—2000）等相关标准要求。

(2) 灌溉水质 产地灌溉水质量稳定，以江河湖库水作为灌溉水源的，则要求在产地上方水源的各个支流处无显著工业、医药等污染源影响。产地灌溉用水质量应符合《农田灌溉水质标准》（GB5084—92）或《农产品质量安全 无公害水果产地环境要求》农田灌溉水质量指标（GB/T18407.2—2001）或《无公害食品 柑橘产地环境条件》灌溉水中各项污染物的浓度限值（NY5016—2001）或《绿色食品 产地环境技术条件》农田灌溉水中各项污染物的浓度限值（NY/T391—2000）等相关标准要求。

(3) 土壤环境质量 产地土质肥沃，有机质含量高，酸碱度适中，土壤中重金属等有毒有害物质的含量不超过相关标准的规定。不得使用工业废水、医疗废水和未经处理的城市污水灌溉农田。产地土壤环境质量应符合《土壤环境质量标准》二级标准（GB15618—1995）或《农产品质量安全 无公害水果产地环境要求》土壤质量指标（GB/T18407.2—2001）或《无公害食

品　柑橘产地环境条件》土壤中各项污染物的浓度限值
（NY5016—2001）或《绿色食品　产地环境技术条件》土壤中
各项污染物的含量限值（NY/T391—2000）等相关标准要求。

（4）基地保护　脐橙基地应按生产技术规程等标准组织建设
和生产，不断培肥和改良土壤，建立一套切实有效的保证措施，
确保产地在今后生产过程中环境质量不下降，具有可持续的生产
能力。

24. 怎样使脐橙种植生态保持平衡？

　　答：选择适宜的生态环境种植脐橙，以利优质丰产，取得好
的经济效益，已为脐橙种植所重视。但种植脐橙使生态保持平衡
和发挥生态效益的问题却尚未引起足够重视，从而引起恶性的生
态循环：诸如毁林开荒，破坏植被；坡地种脐橙会因既不生草栽
培，又不建等高水平梯地而加重水土流失；不重视果园施有机肥
和种植绿肥，使园地越种越瘦；单一使用化肥、长期使用除草剂
使土壤结构恶化；乱用农药不仅杀死害虫天敌，而且使防治效果
大大下降。总之，不注意生态平衡会加剧旱、涝、寒、风等自然
灾害和病虫害的发生。

　　种植脐橙要使生态保持平衡，改善生态环境，应注意以下
几点。

（1）建园不忘保护生态　山地种脐橙，注意山顶涵养林的保
护和种植。果园四周、道路两旁种植防护林，这样，既有利于脐
橙园小气候条件的改善，又可改善大的生态环境。

（2）山地建脐橙园　坡度要适度，最大不能超过20°，最好
是15°以下，且相应建成等高梯地，土壤改良后再定植，以利尽
快成林、投产，减少水土流失，取得高的经济效益。

（3）无水源保证之地不建园　众所周知，水果生长必须有充
足的水分供应。尽管就年降水量而言，不少地方都在1 000毫米

以上，但由于降水量分布不均，常出现春旱，特别是夏干伏旱，无灌溉条件和设施，难以建成脐橙丰产园。

（4）脐橙园间种绿肥 园内间种绿肥，既作肥料，改良土壤，又作饲料，多养猪、羊、兔、鸡、鱼，为脐橙果树提供优质肥料，这样即使果园生态条件改善，又能提高产量和品质。

（5）合理修剪、控冠 用修剪、控冠造就通风透光，立体结果的丰产树型，充分利用水、土、光、热资源，使脐橙果树保持生长结果平衡，延长盛果期，持续丰产有利经济和生态效益的提高。

（6）做好病虫害防治 药剂防治做到准确、及时、周到，并在有条件的产区采取药剂、生物和农业防治相结合的综合防治，保护害虫天敌，建立生态群落，减少用药，这样不但降低生产成本，而且有利于生态环境的改善。

四、脐橙苗木繁殖

25. 脐橙的砧木有哪些？有何特性？

答：国内，用作脐橙的砧木主要有枳、红橘、枳橙和香橙。简介其特性于后。

(1) 枳 又名枸橘、臭橘。该品种适应性强，是应用十分普遍的砧木，与脐橙品种嫁接亲和力强，嫁接后表现早结、早丰产、半矮化或矮化，耐湿、耐旱、耐寒，枳植株可耐－20℃及其以下低温，抗病力强，对脚腐病、衰退病、木质陷点病、溃疡病、线虫病有抵抗力，但嫁接带裂皮病毒的品种可诱发裂皮病。

枳对土壤适应性较强，喜微酸性土壤，但不耐盐碱，在盐碱土种植易缺铁黄化，并导致落叶、枯枝甚至死亡。

枳是落叶性灌木或小乔木，一般在冬季落叶，叶为三小叶组成的掌状复叶，针刺多，长1～4厘米。物候期为3月上旬萌动发芽，4月上旬开花，果实9～10月成熟，单果种子平均20粒，有的多达40余粒，果实富胶质，果肉少，味苦辣不堪食用。

枳有不同类型，包括小叶型、大叶型、变异类型。湖北、河南主要为小叶型，江苏多为大叶型，山东大、小叶型均有。枳分布在山东的日照，安徽的蒙城，河南唐河，江苏的泗阳，湖北的襄阳、孝感、云梦、天门、荆门，汉川各县、市，福建的闽清等地。

枳主要在中亚热带和北亚热带作脐橙的砧木，南亚热带部分地区也用枳作砧木。

（2）红橘 又名川橘、福橘。四川、重庆、福建栽培普遍，果实扁圆，大红色。12 月成熟，风味浓，既是鲜食品种，又可作脐橙的砧木。树较直立，尤其是幼树直立性强，耐涝、耐瘠薄，在粗放管理条件下也可获得较高的产量。耐寒性较强，抗脚腐病、裂皮病，较耐盐碱，苗木生长迅速。可作脐橙的砧木，适于中亚热带、北亚热带脐橙产区。

（3）枳橙 我国主产浙江黄岩及四川、安徽、江苏等省，是枳与橙类的自然杂种，为半落叶性小乔木，植株上具 3 小叶、单身复叶，种子多胚。嫁接后树势强，根系发达，耐寒、耐旱，抗脚腐病及衰退病，结果早、丰产，不耐盐碱，可在中、北亚热带脐橙产区作砧木。

20 世纪末起，我国从美国、南非等国引进卡里佐枳橙、特洛亚枳橙，在三峡库区和重庆产区用作脐橙的砧木，尤其是纽荷尔脐橙的砧木等表现长势健壮、丰产。

（4）香橙 又名橙子。原产于我国，在各柑橘产区都有分布，但以长江流域各省、市较为集中。

香橙树势较强，树体高大。枝密生，刺少。叶片长卵圆形或长椭圆形，翼叶较大。果实扁圆形，单果重 50～100 克。果肉味

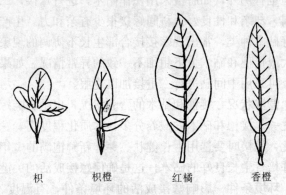

枳　　枳橙　　红橘　　香橙

图 4-1 几种主要砧木的叶形比较

酸，汁多。每果有种子 20～30 粒，种子大，多胚，间有单胚，子叶白色。果实于 11 月上、中旬成熟。

　　用香橙作柑橘砧木，一般树势较强，根系深，寿命长，抗寒、抗旱，较抗脚腐病，较耐碱。如用资阳香橙（软枝香橙）作脐橙的砧木，亲和性好，虽结果较枳砧稍晚，但后期丰产。枳、枳橙、红橘、香橙的叶片见图 4-1。

26. 哪些原因影响脐橙嫁接成活？

　　答：影响脐橙嫁接成活的原因有砧穗亲和性、砧穗的营养状况、环境条件和嫁接技术等方面。

　　(1) 砧穗亲和性　砧穗的亲和性，是指砧木种类与接穗之间，在遗传特性、组织形态结构、生理生化代谢上，彼此相同或相近，经嫁接后而能够结合在一起的能力。砧穗的亲和性是决定嫁接成活的关键。亲和性越强，嫁接越容易成活；亲和性小，则不易成活。砧穗的亲和性常与树种的亲缘关系有关，一般亲缘越近，亲和性越强。因此，同种间进行嫁接，砧穗亲和性最好；同属异种间嫁接，砧穗亲和性较好；同科异属间嫁接，砧穗亲和性较差。但也有例外，如脐橙采用枳作砧木，进行嫁接，二者属于同科异属，却亲和性良好。科间嫁接很少有亲和力。生产中，有时未选好砧木种类，常出现嫁接接合部生长不协调的现象，如接合处肿大或接穗和砧木上下粗细不一致的异常情况。如果出现这种现象，可采用中间砧进行二重接加以克服。

　　(2) 营养状况　接穗和砧木的营养状况，也是影响嫁接成活的因素之一。接穗和砧木贮藏养分多，木质化程度高，嫁接易成活。因此，嫁接时要选用生长健壮、芽体新鲜饱满的 1 年生枝作接穗，并培育生长良好的砧木，这是确保嫁接成活的关键。

　　(3) 环境条件　影响嫁接成活的环境条件，有温度、湿度、光照和氧气等。嫁接口的愈合是一个生命活动的过程，需要一定的温度。愈伤组织形成的适宜温度为 $18\sim25℃$，过高或过低都不利于愈合，故以春季或秋季嫁接为好。在愈伤组织表面保持一层水膜，对愈伤组织的形成有促进作用。因此，塑料薄膜包扎要紧，以保持一定的湿度；如包扎不紧或过早除去包扎物，都会影响嫁接成活。愈伤组织的形成是通过细胞的分裂和生长来完成的，这个过程中需要氧气，氧气量适宜，可促进嫁接部的愈合。强光能抑制愈伤组织的产生，故嫁接部位以避光为好，可提高生长素浓度，有利于伤口愈合。大树高接换种时，可用黑塑料薄膜包扎伤口。

(4) 嫁接技术　嫁接刀的锋利程度、嫁接技术的熟练程度都直接影响着嫁接成活率。

嫁接时要求嫁接刀锋利、干净；动作迅速准确，切面光滑、平整；接穗和砧木的削切面应保持清洁；砧、穗形成层对准、对齐；塑料带包扎要紧稳、完整，使嫁接口保持湿润，防止削面风干或氧化变色，可提高嫁接成活率。

27. 脐橙嫁接苗培育有哪几种方法？各有什么优缺点？

答：嫁接苗由砧木和接穗嫁接组合而成。嫁接苗的培育包括砧木准备和嫁接苗的培育。

嫁接苗在不同场所培育，可分为露地苗、营养袋苗、容器苗和营养槽苗。不用容器，直接在露地培育的为露地苗；在薄膜袋中培育或培育一段时间的苗，可带土定植的称营养袋苗；用塑料梯形柱筒培育的苗，带土定植的称容器苗；用砖或水泥板建成宽1米、深0.4米、长任意的槽，其中加营养土培育的苗，可带土或不带土定植的称营养槽苗。

露地苗、营养袋苗、容器苗、营养槽苗的优缺点如下：

露地苗：方便简易，投入小，成本低，但占地面积相对较大，苗木质量相对较逊，特别是根系不如容器苗发达，定植受季节限制，成活率较容器苗低。

营养袋苗：用1次性薄膜袋加营养土所培育的苗，成本、苗木质量较露地苗高，较容器苗、营养槽苗低。苗的根系、定植的成活率也介于两者之间。

容器苗：根系发达，带土定植，一年四季可以种植，苗木质量高，成活率几乎100%，且定植后生长较露地苗、营养袋苗快。节约用地。但容器苗一次性投入大，成本高，且因带容器一起运输，运输费也较高，一般不适长距离的省际间调运。

营养槽苗：根系发达超过容器苗，一年四季可定植，成活率100%，定植后生长有时较容器苗还快。可带营养土（用塑网袋包装，5株或10株1袋）或不带土打泥浆包装后运输、定植。节约育苗用地，但一次性投入大，苗木成本相对较高。

28. 怎样培育脐橙的砧木苗？

答：脐橙砧木苗的培育，分露地培育和温室培育两种。

砧木是脐橙嫁接苗的重要组成部分，直接影响脐橙品种在生产上产生的效益，种子质量影响出苗率和苗木健壮。因此，应重视脐橙砧木的选择。脐橙砧木选择要做到以下几点：

①要求：一是适宜的生态条件。脐橙砧木不同的生产国家和地区使用的砧木有异，但砧木必须适应当地的生态条件。如美国加利福尼亚州主要以卡里佐枳橙作砧木，我国脐橙栽培区大多以枳作砧木，在土壤偏碱之地选用红橘或资阳香橙作砧木。二是砧木与接穗亲和性。为使脐橙的嫁接苗正常生长发育，早结果，丰产稳产和优质，砧穗组合必须亲和性好，以防因亲和性不良影响脐橙生产，特别是出现未老先衰。三是抗性强。所选砧木品种，应具有抗病虫、抗寒、抗旱和抗盐碱等优良性状。四是苗圃性能好。即砧木采种容易、收种量多，繁殖方便，出苗率、成苗率和

优质苗率均高。五是高度的多胚性。单胚品种和少核品种一般不宜作砧木。嫁接脐橙的砧木应是多胚的品种。

②砧木种子：脐橙嫁接育苗所用的砧木种子，必须采自树势健壮、无检疫性病虫害的母株，果实一般要求充分成熟、饱满健壮。

③播种量：砧木种子的播种用量因砧木品种、播种方法不同而异。种子大、重则播种量多，反之则少。撒播用种量多，条播用种量少。适用于脐橙的主要砧木品种果实含量、播种量见表4-1。

表 4-1　脐橙主要砧木品种果实含种量、播种量

品种	5千克果实含种子量（千克）	每千克种子量（粒）	播种量（千克/公顷）	
			撒播	条播
枳	2.10～2.35	5 200～7 000	1 500	1 050～1 350
红橘	0.65～1.40	9 000～10 000	900～1 050	750～900
枳橙	1.75～2.00	4 000～5 000	1 500	1 275
香橙	1.25～1.30	7 000～8 000	1 125～1 350	900～1 125

④播种：播种床高15厘米，宽1米，长度可根据苗地面积大小而定。土壤为经消毒的疏松砂壤土。将种子撒播或横行条播于苗床上，覆盖1.5厘米厚的培养土，或腐熟畜粪与壤土的混合土。浇透水后，将薄膜支撑成拱形覆盖于苗床上，薄膜边压入苗床四周的沟内，以使苗床保温、保湿。当薄膜罩内温度超过32℃时，应通风降温，使床温尽可能保持在25～30℃。若要培育无病毒砧木壮苗，可将砧木种子播于营养桶（钵）或砧种播种器内。营养土用泥炭（草炭）、谷壳、河沙各1/3，并消毒后使用。

砧木种子要选粒大、饱满的，并经杀菌消毒和催芽后，将其播入容器内，播种深度1.5厘米，且放在保护地培育。

⑤播后管理：播种后，要注意保持播种床（容器）的土壤湿度。待幼苗长到15厘米高后，揭除薄膜。若苗叶发黄，应进行

追肥。一般 15 天施一次稀薄肥。容器苗，如配有氮、磷、钾肥的，只保持土壤湿度即可。苗床应保持疏松，以利砧木苗的生长。

⑥移栽：砧苗生长 5～6 个月，苗高 50 厘米左右时即可移栽。移栽时期一般在春季或秋季。经移栽的砧木苗主根较短，须根发达，嫁接后生长健壮。为缩短苗期，也可在砧木幼苗生长到 10～15 片真叶时移栽。容器砧苗移栽可稍早，4～5 个月时即可将其移入嫁接苗培育地内。

以腹接为主的脐橙产区，选用宽窄行移栽，窄行距离 24 厘米，宽行距离 76 厘米，即 1 米宽度内栽两行砧苗，株距 10～15 厘米。这种移栽方法便于腹接操作，每 667 米² 可栽砧苗 1 万株左右。以切接为主的脐橙产区，可采用即开畦横行移栽，畦宽 1 米，株距 10～15 厘米，行距 24 厘米。

⑦栽后管理：砧苗移栽后约 15 天，可施一次稀薄腐熟的人畜液肥。在 2～8 月份，每月施肥一次，并加入 0.3% 尿素液。在夏季要注意保持土壤湿润，并经常剪除根茎以上 20 厘米范围内的萌枝和针刺，以保持嫁接部位的光滑。同时，保持土壤的疏松，并做好红蜘蛛、蚜虫、凤蝶和潜叶蛾等虫害的防治工作。

29. 怎样培育露地嫁接苗？

答：脐橙苗主要用嫁接技术繁殖。培育要做好以下工作：

(1) 接穗准备　用于嫁接的接穗应采自经鉴定无病毒、品种纯正、丰产稳产的脐橙健壮植株。采穗部位为树冠中、上部和外围的 1 年生木质化（老熟）的春梢、秋梢或夏梢。下垂和内膛生长的弱枝不宜作接穗。

接穗随采随用成活率高。只有在无采穗圃或品种引进时，才将接穗贮藏备用。接穗的贮藏方法有沙藏和低温贮藏两种。沙藏用含水量 5%～10% 的清洁河沙，将 100 枝一捆的接穗放入沙内，每捆间填充湿润的河沙，然后在表面覆盖塑料薄膜保湿，每7～10天检查并调节河沙湿度一次。也可将接穗放入稍带湿润，经清洗的苔藓植物中，用薄膜保湿，并留有气孔，3～5天清除一次落下的叶柄及变质接穗。有控温设备的可贮藏在其中，4～7℃的温度可贮藏2个月左右。

　　(2) 嫁接工具准备　嫁接工具包括嫁接刀、枝剪、磨刀石和嫁接用薄膜等。秋季腹接所用的包扎薄膜条带宽约0.8厘米，长15～17厘米，1千克薄膜可裁3 400～3 800条。春季切接包扎用薄膜为4厘米×10厘米的长方块，用于包扎砧穗的顶部。

　　(3) 嫁接方法　脐橙的嫁接方法有腹接和切接两种。先要接穗削取。接穗削取：常用的接芽有单芽和芽苞片两种。

　　①单芽接穗的削取：单芽是指一段1～1.2厘米的小枝上带上有1个芽的接穗。单芽可用于腹接或切接。削取单芽的操作方法：左手倒持接穗，将芽宽平的一侧紧贴食指，在芽眼下方1～1.2厘米处，以45°角削断接穗（短削面），然后翻转枝条，在宽平面芽的上方，以刀刃紧贴接穗，一刀削下皮层，露出黄白色形成层（长削面）。长削面应光滑平直，恰至形成层。最后，在芽眼上方0.2厘米处，以45°角削断接穗，并置于清水中备用（不宜超过4小时）。削取单芽，也可用顺持枝条的方法，从枝条顶端的芽下1～1.2厘米处下刀往枝条顶端方向削取，由深至浅削下皮层，芽眼下1～1.2厘米处削断枝条。无论顺持或倒持，都应是通头，见图4-2。

　　②芽苞片接穗的削取：左手顺持枝条，将嫁接刀的后1/3处放在芽眼外侧叶柄与芽苞之间（也可放在叶柄外侧），以20°角沿叶痕向叶柄基部斜切一刀，深达木质部。再在芽眼上方0.2厘米处下刀，以与枝平行的方向，向枝条基部削取。待与第一刀切口交叉处时，用拇指将削取的芽苞压在刀刃上，取下芽苞片，放入水中备用，芽苞片长0.7～1.0厘米，宽0.3厘米，并带有少许木质部，基部呈楔形，见图4-3。芽苞片可用于腹接或切接。

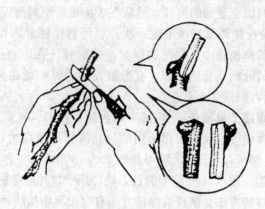

图4-2　通头单芽削取法

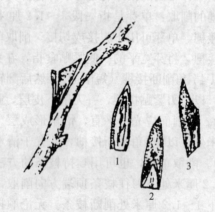

图4-3　芽苞片削取法
1. 芽苞片正面　2. 芽苞片背面　3. 芽苞片侧面

（4）腹接法与嫁接时期　腹接法应用较广。接穗可用单芽，也可用芽苞片。用单芽的称单芽腹接，见图4-4；用芽苞片的称芽苞腹接或 T 形露芽腹接。见图4-5。

腹接的操作方法如下：

①砧木切口：切口距地面10～15厘米，选择东南向光滑的一侧作切口。切口形状有Ⅱ（图4-4）或 T 形（图4-5）或倒

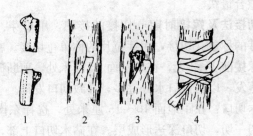

图4-4　单芽腹接法

1. 单芽接穗　2. 砧木切口　3. 嵌合部　4: 薄膜包扎

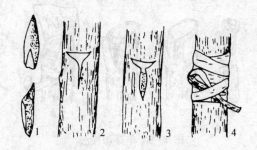

图4-5　T形露芽腹接法

1. 接穗　2. 砧木切口　3. 芽片嵌入　4. 包扎

T形。倒T形切口的操作方法是将刀刃前1/3紧贴砧木主干，向下推压纵切，由浅至深切开砧木皮层，切口长度比接穗略长，并切掉削开皮层的1/3～1/2，以免砧木切开的皮包住接穗的芽眼。接穗的皮层应对准切口的皮层，接穗的短切面下端与砧木切口底部接触，用薄膜带将接穗和砧木包扎紧。春季或5～6月份腹接时，可作露芽包扎。切削倒T形的砧木切口，应选砧木光滑、平直的一侧，自上而下地划一刀，使之形成倒T形，将接芽自下而上插入倒T形口内，再用薄膜条包紧即可。

　　②嫁接时期：进行露地嫁接时，除气温在12℃以下或37℃以上时，嫁接成活率低外，其他时间均可嫁接。保护地育苗，全年均可嫁接，但以温度在20～30℃时效果最好。气温25℃左右

时，接口愈合最快。

（5）切接法及嫁接时期 切接的接穗，用单芽、芽苞片均可。用单芽的称单芽切接，用芽苞片的称单苞切接。在雨量充沛的地区，嫁接前1～2天，在距地面15厘米处，剪断砧木，使多余的水分蒸发，以防接口水分过多，导致切口发霉。

①砧木切口：在距地面10～15厘米处，选择东南方向的平滑一侧纵切一切，切口深达形成层。在砧木切口上部，用嫁接刀朝怀内斜方向切断砧木，见图4-6。

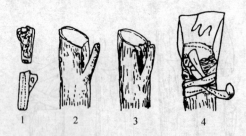

图4-6 单芽切接法
1. 接芽 2. 砧木切口 3. 嵌合部 4. 薄膜捆扎

砧木的断面应光滑，以利于愈合。砧木切口在断面低的一侧，切口长度与接穗相关：若接穗用单芽，切口应短于接穗，接穗放入切口后，芽应露出砧木切口；若接穗用芽苞片，砧木切口应与芽等长，并将砧木切口处切开的皮层削去1/3～1/2，以防皮层包住芽眼。若嫁接的砧木粗壮，用嫁接刀切断困难时，可用枝剪先剪断砧木，再做切口，将砧木断面用刀修光滑，砧木切口仍在砧木断面低的一侧。接穗放入切口时，要使接穗短削面下端与切口底部接触，砧穗的皮层、形成层互相对准，然后将接口包扎好。包扎接口用20厘米长的薄膜条带。包扎时，将条带一端在接口中部捆扎1～2圈，然后将薄膜上端倒折至对侧，扎入条带内，使其在接口上部形成一个薄膜"小室"，将砧木切口和接穗芽罩住，以起保温、保湿作用，提高成活率。当萌芽长出3～

5 片叶时，剪破"小室"顶端，以免妨碍接穗的抽梢生长。在气温稳定上升的脐橙产区，可作露芽包扎，但仅留芽眼处的小孔，不然会降低成活率。

②嫁接时期：通常在春季嫁接。在春季气温稳定上升的南亚热带脐橙产区，春季用切接成活率高；而在中亚热带脐橙产区，因受气温影响，成活率不稳定。

(6) 嫁接苗的管理

①检查、补接与除膜：春季接后 7～10 天，即可检查其成活情况。若接芽变黄，则未接活，应立即补接。采用腹接全包法的，应萌动时露出芽眼，待接芽长至 15 厘米左右时解除薄膜。露芽包扎的解薄膜时间，与腹接解薄膜时间相同。5～6 月份嫁接的，在其成活后 15～20 天解除薄膜。秋季嫁接的一般在翌年春季解除薄膜和补接。若是早秋（8 月中、下旬）嫁接的，接后 7 天左右可检查成活情况。其接穗萌动后即露芽，可在次年春季解除薄膜。

②除萌、剪砧和扶直：要及时剪除砧木上的萌蘖，一般 7～10 天剪除一次。采用腹接的，应及时剪除砧木。秋季腹接的，应在翌年 3 月份将成活株接芽上方 10～15 厘米以上的砧木剪除，待接芽第一次梢停止生长后，从嫁接口处以 30°角外斜剪去留下的砧桩。在春季和 5～6 月份腹接的，应在芽接成活后进行第一次剪砧，第一次梢老熟后进行第二次剪砧。进行第二次剪砧时应注意剪口不能高于或低于结合部，但也不能过平。生产上也有腹接成活后，即接后 7 天左右，将接口上方砧木 10～15 厘米以上处折倒，以促芽的萌发，待接芽抽生至 10～15 厘米长时，从接口处剪除砧木。在除萌剪砧过程中，应及时将抽生的幼苗扶直。

③摘心整形：摘心可促生分枝。当苗生长到 40～50 厘米时，即应摘心。摘心时间在 7 月上、中旬。对摘心后抽生的分枝，应在主干的不同方向留 3～4 个分布均匀的分枝，并将多余的枝

除去。

④肥水管理：从春芽萌发前至 8 月下旬，每月施一次腐熟人畜粪水，最后一次施肥不应迟于 8 月下旬，以免抽发晚秋梢。在干旱时应及时灌水，在雨季应注意排水。

(7) 苗木出圃

①出圃时间：露地苗主要在秋季、春季萌发前出圃。

②出圃要求：品种必须纯正，不带病毒；苗木健壮，叶色浓绿，无严重病虫害；嫁接口愈合良好，根颈无扭曲，根系完整；无检疫性病虫害；具有一定的高度、粗度和分枝。中亚热带：1 级枳砧脐橙苗，苗高≥45 厘米，苗粗≥0.8 厘米，3 个分枝及其以上。2 级枳砧脐橙苗，苗高≥35 厘米，苗粗≥0.6 厘米，2 个分枝。南亚热带：1 级红橘砧脐橙苗，苗高≥55 厘米，苗粗≥1 厘米，3 个分枝。2 级红橘砧脐橙苗，苗高≥50 厘米，苗粗≥0.8 厘米，3 个分枝。中亚热带：1 级红橘砧脐橙苗，苗高≥50 厘米，苗粗≥0.9 厘米，3 个分枝。2 级红橘砧脐橙苗，苗高≥40 厘米，苗粗≥0.7 厘米，2 个分枝。

应指出的是苗木出圃必须具备"三证"，即检疫证、生产经营许可证和质量合格证。

(8) 苗木出圃的包装及运输 取苗时尽量保护根系完好，在根部蘸泥浆（以不见根的颜色为度），待泥浆稍干包装，通常每 100 株 1 捆，挂上品种及砧木的标牌后，在根部、主干及上部，分别用竹篾捆紧，将湿润的苔藓（又称石花）包裹根后放在稻草束中央，将稻草包裹主干，用竹篾（草绳）捆紧，即可运输，见图 4-7。运输途中切勿日晒雨淋，且尽快运到目的地。

30. 怎样培育无病毒容器苗？

答：容器苗是用容器培育的苗。根据目前世界脐橙生产发展的趋势，多数用于脐橙无病毒苗的培育。试验和生产实践表明，

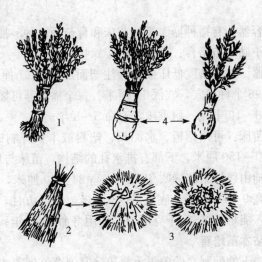

图 4 - 7 苗木包装
1. 苗木捆扎 2. 稻草束 3. 铺湿石花 4. 包装好的苗木

脐橙无病毒容器苗具产量较常规苗高 20%～30%，树的寿命也可延长 20～30 年，可缩短育苗期，投产还可提前等优势。

容器苗的培育，国务院三峡工程建设委员会办公室委托重庆三峡建设集团有限公司、中国农业科学院柑橘研究所编制了《三峡库区无病毒脐橙容器苗木培育技术规程》，现简介如下：

(1) 基本要求

①培育方式：具可控植物生长条件下的无病毒设施育苗。

②场地选择：交通方便、水源充足、地势平坦、通风和光照良好、无检疫性病虫害、无环境污染的地区。

③育苗设施：每个育苗点具有温室、网室、营养土拌合场、营养土杀菌场、移苗场、露地容器苗圃等设施。

温室：温室的光照、温度、湿度、土壤条件可人为调控，最好具备 CO_2 补偿设施，每个育苗点温室面积 1 000 米^2 以上，主要用于砧木苗培育，进出温室的门口设置缓冲间。

网室：用于无病毒采穗树的保存和繁殖。进出网室的门口设置缓冲间。

育苗容器：有播种器、播种苗床和育苗桶3种。播种器和播种苗床用于砧木苗培育；育苗桶用于嫁接苗培育。

播种器：由高密度低压聚乙烯注塑而成，长67厘米、宽36厘米，设96个种植穴，穴深17厘米。每个播种器可播96株苗，装营养土8～10千克。耐重压，寿命5～8年。

播种苗床：可用钢板、水泥板、塑料或木板等制成深20厘米、宽100～150厘米，下部有排水孔的结构，苗床与地面隔离。

育苗桶由线性聚乙烯吹塑而成，高34～40厘米，桶口正方形，上口宽9～12厘米，底宽7～8厘米，梯形方柱，底部设2个排水孔，能承受3～5千克压力，使用寿命3～4年。

（2）砧木苗培育

①营养土的配制：营养土由粉碎经高温蒸汽消毒或其他消毒法消毒后的草炭（或泥炭、腐质土等）、沙（或蛭石、珍珠岩等）、谷壳（或锯木屑等）按体积配制。N、P、K等营养元素按适当比例加入。

②营养土消毒：将混匀的营养土用锅炉产生的蒸汽消毒。消毒时间为每次40分钟，升温到100℃10分钟，蒸汽温度保持在100℃30分钟。然后将消毒过的营养土堆在堆料房中，冷却后装入育苗容器。也可用甲醛溶液熏蒸消毒土壤，或将营养土堆成厚度不超过30厘米的条带状，用无色塑料薄膜覆盖，在夏秋高温强日照季节置于阳光下暴晒30天以上。

③砧木种子：砧木种子为纯正的枳橙或单系枳，无裂皮病、碎叶病和检疫性病虫害。砧木种子饱满，颗粒均匀，发芽整齐，出苗率高。

④种子消毒：播种前将种子用50℃热水浸泡5～10分钟，捞起后立即放入55℃的热水中浸泡50分钟，然后放入用1‰漂白粉消毒过的清水中冷却，捞起晾干备用。

⑤播种方法：播前把温室、播种器和工具等用3‰来苏水或

1％漂白粉消毒 1 次。把种子有胚芽的一端置于播种器和播种苗床的营养土下，播后覆盖 1.0～1.5 厘米厚营养土，一次性灌足水。播种严格按操作规程执行，以减少弯颈的不合格苗。种子萌芽后每 1～2 周施 0.1％～0.2％复合肥溶液 1 次，注意对立枯病、炭疽病和脚腐病的防治，及时剔除病苗、弱苗和变异苗。

⑥砧木苗移栽与管理：当播种的砧木苗长到 15～20 厘米高时移栽。起苗时淘汰根颈或主根弯曲苗、弱小苗和变异苗等不正常苗。剪掉砧木下部弯曲根，将育苗桶装入 1/3 营养土后，把砧木苗放入育苗桶中，主根直立，一边装营养土，一边摇匀、压实，灌足定根水。移栽严把主根直的质量关，以减少弯根苗。第 2 天浇施 1 次 0.15％复合肥（N：P：K＝15：15：15），随后每隔 10～15 天浇施 1 次同样浓度和种类的复合肥。

(3) 接穗

①接穗来源：一是病毒鉴定与脱毒。依托国家柑橘苗木脱毒中心对选定的优良品种（单株）进行病毒鉴定，如有病毒感染，进行脱毒处理和繁殖，获得无病毒母本材料和无病毒母本树。无病毒母本树无检疫性病虫害和重要柑橘病毒类病害（裂皮病、碎叶病、温州蜜柑萎缩病和茎陷点型衰退病）。二是无病毒柑橘母本园。由脱毒后的优良品种建立无病毒柑橘母本园，提供母本接穗或采穗母树。定期鉴定母本树的园艺性状和是否再感染病毒病，淘汰劣变株（枝）和病株。母本树保存在网室。三是无病毒柑橘采穗圃。由无病毒柑橘母本园提供接穗，建立 1 级或 2 级无病毒柑橘采穗圃，采穗树保存在网室中。

②接穗繁殖方法：采穗树栽培管理按无病毒程序进行，及时淘汰变异株。每株采穗树的采穗时间不超过 3 年。

(4) 嫁接

①嫁接方法：当砧木离土面 15 厘米以上部位直径达 0.5 厘米时，即可嫁接，采用 T 字型嫁接法。嫁接前对所有用具和手用 0.5％漂白粉液消毒。

②嫁接后管理：一是解膜。嫁接后 3 周左右，用刀在接芽反面解膜，此时嫁接口砧穗结合部已愈合并开始生长。二是弯砧。解膜 3～5 天后把砧木接芽以上的枝干反面弯曲并固定下来。三是补接。把未成活的苗集中补接。四是剪砧。接芽萌发抽梢自剪并成熟后剪去上部弯曲砧木，剪口最低部位不低于芽的最高部位。剪口与芽的相反方向呈 45°倾斜。五是除萌。及时抹除砧木上的萌蘖。六是扶苗、摘心。接芽抽梢自剪后，立支柱扶苗。用塑带把苗和支柱捆成"∞"字型，随苗生长高度增加捆扎次数，苗高 35 厘米以上时短截。七是肥水管理。每周用 0.3%～0.5%复合肥或尿素浇施 1 次，追肥可视苗木生长需要而定，干旱期及时灌水，土壤含水量维持在 70%～80%，土壤 pH 维持在 5.5～7.0。八是病虫防治。幼苗期喷 3～4 次杀菌剂防治苗期病害，苗期主要病害有立枯病、疫苗病、炭疽病、树脂病、脚腐病和流胶病等。虫害主要有螨类、鳞翅目类，可针对性用药。严格控制人员进出温、网室，对进入人员进行严格消毒措施。

(5) 苗木出圃 出圃苗木标准。一是出圃苗木为无检疫性病虫害及无柑橘裂皮病、碎叶病的健壮容器苗。二是砧木为纯正枳橙或单系枳，以枳橙为主。三是嫁接部位离土面≥15 厘米，嫁接口愈合正常，已解除绑缚物，砧木残桩不外露，断面在愈合过程中。四是苗木高度≥60 厘米。主干直、光洁，高 30 厘米以上，径粗≥0.8 厘米，不少于 3 个且长 15 厘米以上、空间分布均匀的分枝，枝叶健全，叶色浓绿，富有光泽，砧穗结合部曲折度不大于 15°。五是根系完整，根颈不扭曲，主根不弯曲，主根长 20 厘米以上，侧根、细根发达。

31. 怎样培育无病毒营养槽苗？

答：营养槽苗育苗是 20 世纪 80 年代先由中国农业科学院柑橘研究所开始，现不少柑橘产区在生产上应用。营养槽苗培育是在用砖或水泥板（厚5厘米）建成的槽内进行。槽宽1米，槽深23～25厘米，槽与槽之间的工作道宽40厘米，深23～25厘米。营养槽长任意，方向以南北向为佳。

营养槽苗的营养土，与培育容器苗的营养土同。此略。

苗木栽植密度：内空宽1米的槽每排11株，排与排之间的距离22～25厘米（视砧木、品种不同而异）。

营养槽苗的嫁接、管理与容器苗同。

营养槽苗出圃：可带营养土，也可不带营养土。带营养土，可用装肥料的塑料蛇皮袋5株1包或10株1包进行包装。5株的包装方法是整体切下两排，切成4株一整块，再在其上叠放1株成梅花形，捆扎包装即成。10株的包装方法：切成8株一整块，每4株间叠放1株，成双梅花形，捆扎紧包即成。不带营养土的，需打泥浆后用塑料蛇皮袋或薄膜捆扎包装即可。营养槽的营养土，带土出苗的，及时新增营养土，以备下次育苗，不带土出苗的补充营养土。营养土均应消毒。

32. 何谓高接换种？应注意哪些关键技术？

答：高接换种是利用原有大树的强大根系和树干充足的营养，将良种接穗嫁接在原来树干上端的各级分枝上，以很快形成较大树冠，恢复产量，这是一种快速更新品种、改变品种结构和对新品种适应性和遗传性进行鉴定的园艺技术措施。由于嫁接部位较高，所以称高接换种。

利用脐橙优新品种的接穗（芽）换接劣质低产柑橘品种是当前实现品种结构调优，良种区域化的重要举措，但必须注意如下关键：

(1) 适宜高接换种脐橙的中间砧（品种）

①温州蜜柑：有报道枳砧（基砧）尾张温州蜜柑（中间砧）高接换种脐橙的大三岛、丹下、清家、吉田、铃木、森田、朋娜

和纽荷尔等均表现亲和性良好，同时有较好的抗旱性、抗冻性和抗溃疡病的能力。也有报道枳砧尾张温州蜜柑高接换种奉节脐橙，接后第二年结果，第三年（13年生树）产量恢复率达52.6%。

②椪柑：有报道罗伯逊脐橙、丹下脐橙、大三岛脐橙高接换种枳砧（基砧）椪柑，亲和性好，结果早。

③甜橙：据报道，枳砧普通甜橙高接换种成奉节脐橙，比枳砧尾张温州蜜柑高换奉节脐橙产量要高。又有报道，在高湿少日照地区罗伯逊脐橙、锦橙、血橙和伏令夏橙（均为枳砧）高接换种丰脐和朋娜脐橙，优选顺序依次为罗伯逊脐橙、锦橙、血橙和伏令夏橙，但丰脐不宜高接在伏令夏橙上，否则会出现有花无果。大三岛脐橙高接在上述4个品种上会出现满树花不结实。另有介绍，枳砧、红橘砧锦橙高接换种成丰脐、林娜、纽荷尔和朋娜等脐橙亲和性、结果性均好。

④其他柑橘：据浙江报道，枳砧早橘、枸头橙砧椪橘、枸头橙砧早橘高接换种成脐橙的亲和性和结果性也好。

（2）高接换种技术

①高接的成活率受多种因子影响：主要的是气温、湿度、高接技术以及树龄、树势等。温度：低于10℃时不宜高接换种，13℃以上的气温有利砧穗接合部细胞分裂活动，超过34℃，高接成活率也很低。湿度：高接时保持接合部80%的湿度为宜，以利生产薄壁细胞。湿度过大，易引起嫁接部的霉烂。高温干燥或遇大风，水分蒸发加剧，使湿度过低，也不利高接成活。此外，脐橙有冻害地区高接口不宜朝东北、西北方向，否则冬末春初易受冻害。高接技术熟练与否直接影响高接成活率。树势强旺，高接成活率高；生长势弱，即使高接成活，也会树势早衰，故树龄以青壮年适宜高接换种。

高接换种应注意防止病毒、类病毒的传播，以免脐橙病毒、类病毒病害的蔓延。

②高接时期：2月份萌芽前至10月份均可，且以春季和初夏（5～6月份）、秋季高接换种效果好。热量条件丰富的南亚热带，冬春不冷，夏无酷暑，终年可进行高接换种。

③高接方法：可用单芽或芽苞片进行切接，但切接只能在春季进行。也可用单芽或芽苞片腹接，任何季节均可进行。在春季气温稳定上升、雨水充足的地区，以春季切接为主。切接生长迅速，尤其适用于良种繁殖，春季切接，秋季即可提供接穗。春季气温不稳定地区，切接成活率较低，故以秋季腹接为主。秋季高接成活后，翌年春季锯砧，未成活的用切接法补接，秋季也可提供接穗。

④高接切口部位的选择：选择主枝、直立分枝，在分叉上方15～20厘米处做切口。切口应选择在分枝内侧或左右两侧，勿选外侧以免结果后因载果量大，接口受压过大而开裂。若砧桩较粗，1个砧桩可开2～3个切口，或1个切口内放2个接穗。操作要注意砧穗削面的形成层相互对准，包扎方法同苗木嫁接。切接时要注意将砧桩切口用利刀修成中间高的凸形。一般1个分枝或1个砧桩嫁接2～3个接穗，每株树有3～5个分枝嫁接，成活后即可形成树冠。除用于高接的主枝或分枝外，应留几枝辅养枝制造养分，其余过多的枝梢全部剪除。

⑤管理：高接后7天检查成活率，凡接穗变黄的要立即补接。切接未成活的，可在切口处留1～2枝萌蘖，待枝木质化后即行补接。薄膜解除应在接芽抽发枝木质化后进行。切接成活发枝后，将罩在接口上的薄膜剪去顶部，以利新梢生长。腹接全包扎的，则在芽萌动时露芽，待新梢木质化后解薄膜。砧干上的萌蘖7～10天剪除1次（有报道用1∶4食盐水涂剪口，可抑制萌蘖抽生）。用腹接法高接的应进行两次剪砧，方法同苗木。第一次剪砧后将接穗新梢用"∞"形活结捆于桩上，第二次剪砧后用竹竿立支柱，以防风害折断新梢。砧木切口的裸露部分应涂接蜡保护，夏季主干用石灰水刷白防日灼。新梢长至15厘米时，应

摘心整形，留 3 个分枝，其他分枝剪除，待其抽第二次梢时，再进行摘心整形。摘心次数多，形成树冠快，投产也早。管理水平高的，高换后第二年开始结果，第三年恢复树冠。肥水管理 1 年施 3～4 次肥，干旱季节要及时灌水，注意病虫害的防治，尤其是危害枝叶的炭疽病、红蜘蛛、蚜虫、凤蝶、卷叶蛾和潜叶蛾等的防治。

五、脐橙园（基地）建设

33. 脐橙园（基地）如何选址？

答：就全国而言，脐橙应在最适宜生态区和国家确定的优势带作为发展的重点区。

就具体一个果园（基地）的选择，要求：

（1）适宜的土壤　脐橙最适宜种植在疏松深厚、通透性好、保肥保水力强、pH5.5～6.5且具有良好团粒结构的土壤上。在红、黄壤、紫色土、冲积土、水稻土上均可种植，但土层薄、肥力低、偏酸或偏碱的土壤，种植前、后应进行改土培肥。

（2）适宜的气候　在脐橙生态最适宜区或适宜区种植，生态次适宜区种植必须选适宜的小气候地域。国家确定的脐橙优势带可优先发展。

（3）有利的地形　山地、丘陵，新建果园坡度应在15°以下，最大不得超过20°。因为坡度小，有利于规模、高标准建园，既可节省成本，又便于生产管理和现代化技术的应用。

（4）适度的规模　集中成片有利管理和产生规模效应，要求新建园（基地）不小于133.33公顷，改造园不小于13.33公顷。

（5）水源有保障　距水源的高程低于100米，年供水量每667米^{2}大于100吨。

（6）发展环境好　规划园区应无工业"三废"排放，土壤中铅、汞、砷等重金属含量和六六六、滴滴涕等有毒农药残留不超标；无柑橘溃疡病、黄龙病和大实蝇等检疫性病虫害；工厂和商品化处理线应建在无污染、水源充足、排污条件较好的地域。

(7) 品种可搭配　有脐橙早、中、晚熟品种可合理搭配,当前要重视早、晚熟脐橙,尤其是晚熟脐橙的发展,要有适种的晚熟脐橙,以利排开季节,周年应市。

(8) 交通运输方便　各脐橙基地离公路主干道的距离不超过1 000 米为宜。

34. 脐橙园（基地）道路如何规划?

答:脐橙园（基地）规划是在尽量选择有利于果园建设的地形地貌、海拔高度、地域气候、土壤、水源和交通电力通讯等条件的基础上,对可以人为改变的不利条件进行改造,使之成为优质丰产的高效果园。规划的内容包括:道路、水系、土壤改良、种植分区、防护（风）林和附属设施建设等,其中道路、水系和土壤改良是规划的重点。

道路系统由主干道、支路（机耕道）、便道（人行道）等组成。以主干道、支路为框架,通过其与便道的连接,组成完整的交通运输网络,方便肥料、农药和果实等的运输以及农业机械的出入。主干道按双车道设计。不靠近公路,园地面积超过133.33 公顷的,修建主干道与公路连接。支路按单车道设计,在视线良好的路段适当设置会车道。园地内支路的密度:原则上果园内任何一点到最近的支路、主干道或公路之间的直线距离不超过 150 米,特殊地段控制在 200 米左右。支路尽量采用闭合线路,并尽可能与村庄相连。主干道、支路的路线走向尽量避开要修建桥梁、大型涵洞和大型堡坎的地段。

便道（人行道）之间的距离,或便道与支路、便道与主干道或公路之间的距离根据地形而定,一般控制在果园内任何一点到最近的道路之间的直线距离在 75 米以下,特殊地段控制在 100米左右。行间便道直接设在两行树之间,在株间通过的便道减栽一株树。便道通常采取水平走向或上下直线走向，在坡度较大的路段修建台阶。

相邻便道之间，或相邻便道与支路之间的距离尽量与种植脐橙行距或株距成倍数。具体设计要求：

①主干道：贯通或环绕全果园，与外界公路相接，可通汽车，路基宽 5 米，路宽 4 米，路肩宽 0.5 米，设置在适中位置，车道终点设会车场。纵坡不超过 5°，最小转弯半径不小于 10 米；路基要坚固，通常是见硬底后石块垫底，碎石铺路面、碾实，路边设排水沟。

②支路：路基宽 4 米，路面宽 3 米，路肩 0.5 米，最小转弯半径 5 米，特殊路段 3 米，纵坡不超过 12°，要求碎石铺路，路面泥石结构，碾实。支路与主干道（或公路）相接，路边设排水沟。

支路为单车道，原则上每 200 米增设错车道，错车道位置设在有利地点，满足驾驶员对来车视线的要求。宽度 6 米，有效长度≥10 米，错车道也是果实的装车场。

③人行道：路宽 1～1.5 米，土路路面，也可用石料或砼板铺筑。人行道坡度小于 10°，直上直下；10°～15°，斜着走，15°以上的按"Z"字形设置。人行道应有排水沟。

④梯面便道：在每台梯地背沟旁修筑，宽 0.3 米，是同台梯面的管理工作道，与人行道相连。较长的梯地可在适当地段，上下两台地间修筑石梯（石阶）或梯壁间工作道，以连通上下两道梯地，方便上下管理。

⑤水路运输设施：沿江河、湖泊、水库建立的脐橙基地，应充分利用水道运输。在确定运输线后，还应规划建码头的数量、规模大小。

35. 脐橙园（基地）灌溉排水系统如何规划？

答：我国脐橙产区，多数年份降水量在 1 000 毫米以上，但因降雨时间的分布不均匀，不少脐橙产区有春旱、伏旱和秋旱，尤其是 7~8 月份的周期性伏旱，对脐橙生产影响很大。故规划中必须考虑旱季的用水。

（1）灌溉系统 脐橙果园灌溉可以采用节水灌溉（滴灌、微喷灌）和蓄水灌溉等。

①滴灌：滴灌是现代的节水灌溉技术，适合在水量不丰裕的脐橙产区采用。水溶性的肥料可结合灌溉使用。但滴灌设施要有统一的管理、维护，规范的操作，不适应于千家万户的分散种植和管理。此外，地形复杂、坡度大、地块零星的脐橙果园安装滴灌难度大、投资大，使用管理不便。

滴灌由专门的滴灌公司进行规划设计和安装。在中国承建工程的外国滴灌公司有美国的托罗公司，以色列的艾森贝克、普拉斯托、耐特菲姆等公司。

滴灌的主要技术参数：

灌水周期：1 天，毛管：1 根/行，滴头：4 个/株，流量：3~4 千克/小时，土壤湿润比：≥30％，工程适用率：>90％，灌溉水利用系数：95％，灌溉均匀系数：95％，最大灌水量：4 毫米/天。

②蓄水灌溉：尽量保留（维修）园区内已有的引水设施和蓄水设施，蓄水不足，又不能自流引水灌溉的园区（基地）要增设提水设施。需新修蓄水池的密度标准：原则上果园的任何一点到最近的取水点之间的直线距离不超过 75 米，特殊地段可适当增大。

蓄水设施：根据脐橙园需水量，可在果园上方修建大型水库或蓄水池若干个，引水、蓄水，利用落差自流灌溉。各种植区（小区）宜建中、小型水池。根据不同脐橙产区的年降水量及时间分布，以每 667 米^{2}50~100 米^3 的容积为宜。蓄水池的有效容积一般以 100 米^3 为适，坡度较大的地方，蓄水池的有效容积可减小。蓄水池的位置一般建在排水沟附近。在上下排水沟旁的蓄水池，设计时尽量利用蓄水池消能。

不论是实施滴灌灌溉或是蓄、引水灌溉，在园区内均应修建 $3\sim5$ 米^3 容积的蓄水池若干个，用于零星补充灌水和喷施农药用水之需。

③灌溉管道（渠）：引水灌溉的应有引水管道或引水水渠（沟），主管道应纵横贯穿脐橙园区，连通种植区（小区）水池，安装闸门，以便引水灌溉或接插胶管作人工手持灌溉。

④沤肥池：为使脐橙优质、丰产，提倡多施有机肥（绿肥、人畜粪肥等），宜在脐橙园修建沤肥池，一般 $0.33\sim0.66$ 公顷建 1 个，有效容积 $10\sim20$ 米^3 为宜。

脐橙园（基地）灌溉用水，应以蓄引为主，辅以提水，排灌结合，尽量利用雨水、山水和地下水等无污染水。水源不足需配电力设施和柴油机抽水，通过库、池、沟、渠进行灌溉。

(2) 排水系统 平地（水田）脐橙园、山地脐橙园，都必须有良好的排水系统，以利植株正常生长结果。

平地脐橙园（基地）：排洪沟、主排水沟、排水沟、厢沟，应沟沟相通，形成网络。

山地（丘陵）脐橙园（基地）：应有排洪沟、排水沟和背沟，并形成网络。

①拦洪沟：应在脐橙果园的上方林带和园地交界处设置，拦洪沟的大小视脐橙园上方集（积）水面积而定。一般沟面宽 $1\sim1.5$ 米，比降 $0.3\%\sim0.5\%$，以利将水排入自然排水沟或排洪沟，或引入蓄水池（库）。拦洪沟每隔 $5\sim7$ 米处筑 1 土埂，土埂低于沟面 $20\sim30$ 厘米，以利蓄水抗旱。

②排水沟：在果园的主干道、支路、人行道上侧方，都应修宽、深各 50 厘米的沟渠，以汇集梯地背沟的排水，排出园外，或引入蓄水池。落差大的排水沟应铺设跌水石板，以减少水的冲力。

③背沟：梯地脐橙园（基地），每台梯地都应在梯地内沿挖宽、深各 $20\sim30$ 厘米的背沟，每隔 $3\sim5$ 米留 1 隔埂，埂面低于

台面，或挖宽 30 厘米、深 40 厘米、长 1 米的坑，起沉积水土的作用。背沟上端与灌溉渠相通，下端与排水沟相连，连接出口处填一石块，与背沟底部等高。背沟在雨季可排水，在旱季可用背沟抗旱。

④沉沙坑（凼）：除背沟中设置沉沙坑（凼）外，排水沟也应在宽缓处挖筑沉沙坑（凼），在蓄水池的入口处也应有沉沙坑（凼），以沉积排水带来的泥土，在冬季挖出培于树下。

36. 脐橙园种植前土壤如何改良？

答：完全适合脐橙果树生长发育的土壤不多，一般都要进行种前的土壤改良，使土层变厚，土质变疏松，透气性和团粒结构变好，土壤理化性质得到改善，吸水量增加，变土面径流为潜流而起到保水、保土、保肥的作用。

不同立地条件的园地有不同的改良土壤的重点。平地、水田的脐橙园，栽植脐橙成功的关键是降低地下水位，排除积水。在改土前深开排水沟，放干田中积水。耕作层深度超过 0.5 米的可挖沟畦栽培，耕作层深度不到 0.5 米的，应采用壕沟改土。山地脐橙园栽植成功的关键是加深土层、保持水土，增加肥力。

(1) 水田改土 可采用深沟筑畦和壕沟改土。

①深沟筑畦：或叫筑畦栽培，适用耕作层深度 0.5 米以上的田块（平地）。按行向每隔 9～9.3 米挖 1 条上宽 0.7～1.0 米、底宽 0.2～0.3 米、深度 0.8～1.0 的排水沟，形成宽 9 米左右的种植畦，在畦面上直接种植脐橙两行，株距 2～3 米。排水不良的田块，按行向每隔 4～4.3 米挖 1 条上宽 0.7～1.0 米、底宽 0.2～0.3 米、深度 0.8～1.0 米的排水沟，形成宽 4 米左右的种植畦，在畦面中间直接种植脐橙 1 行，株距 2～3 米。

②壕沟改土：适用于耕作层深度不足 0.5 米的田块（平地），壕沟改土每种植行挖宽 1 米、深 0.8 米的定植沟，沟底面再向下

挖 0.2 米（不起土，只起松土作用），每立方米用杂草、作物秸秆、树枝、农家肥、绿肥等土壤改良材料 30～60 千克（按干重计），分 3～5 层填入沟内，如有条件，应尽可能采用土、料混填。粗的改土材料放在底层，细料放中层，每层填土 0.15～0.20 米。回填时，将原来 0.6～0.8 米的土壤与粗料混填到 0.6～0.8 米深度；原来 0.2～0.4 米的土回填到 0.4～0.6 米深度；原来 0～0.2 米的表土回填到 0.2～0.4 米深度；原来 0.4～0.6 米的土回填到 0.2～0.4 米深度。最后，直到将定植沟填满并高出原地面 0.15～0.20 米。

(2) 旱地改土 旱坡地土壤易冲刷，保水、保土力差，采用挖定植穴（坑）改良土壤。挖穴深度 0.8～1.0 米，直径 1.2～1.5 米，要求定植穴不积水。积水的定植穴要通过爆破，穴与穴通缝，或开穴底小排水沟等方法排水。挖定植穴时，将耕作层的土壤放一边，生土放另一边。

定植穴回填每立方米用的有机肥用量和回填方法与壕沟改土同。

(3) 其他方法改土 其他改土方法有爆破法、堆置法和鱼鳞式土台。

①爆破改土：土层浅，土层下成土母质坚硬不易挖掘，而成土母质容易风化时，可采用爆破作业。爆破后，将不易风化的大块岩石取出砌梯壁，易风化的岩石置地表暴晒，经风化后可形成耕作土壤。

②堆置法改土：适用于园区土层下多为坚硬难风化的砂岩，土层较浅时（0.4～0.5 米），可采用堆置法改土。将土层集中到一起，埋入改土材料，筑成土畦。畦两边用石块垒壁，畦宽 2.5～3.0 米，土层厚 0.8～1.0 米。但是，当土层厚度不足 0.4 米时，应将地块放弃，改种其他适种作物。

③鱼鳞式土台：少量经过调整后仍位于坎上的特殊树位，或梯地底层是坚硬倾斜石板时，可在树位的外方，距树位中心点

2～3米处用石块修成半圆形，填入土壤和改土材料，使土层厚度达到0.8以上。

37. 脐橙园（基地）防护林如何规划？

答：防护林应包括防风林和蓄水林等，有风害、冻害的脐橙产区在脐橙园的上部或四周应营造防护林。

防风林有调节脐橙果园温度、增加湿度、减轻冻害、降低风速、减少风害、保持水土、防止风蚀和冲击的作用。

防风林带通常交织栽植成方块网状，方块的长边与当地盛行的有害风向垂直（称主林带），主林带间距200～600米，带宽10～20米。短边与盛行的风向平行（称副林带），副林带间距300～800米，带宽8～14米。林带结构分为密林带、稀林带和疏透林带3种。密林带由高大的乔木和中等灌木组成，防风效果好，但防风范围小，透风能力差，冷空气下沉易形成辐射霜冻。稀林带和疏透林带由1层高大乔木或1层高大乔木搭配1层灌木组成，这两种林带防风范围大，通气性好，冷空气下沉速度缓慢，辐射霜冻也轻，但局部防护效果较差。实践表明，疏透林带透风率30%时，防风效应最好。

防风林的树种，多以乔木为主要树种，搭配以灌木，效果较好。乔木树种选树体高大、生长快、寿命长、枝叶繁茂、抗风、抗盐碱性强，没有与脐橙相同病虫害的树种。冬季无冻害的地区可选木麻黄；冬季寒冷的脐橙产区可选冬青、女贞、洋槐、乌桕、苦楝、榆树、喜树、重阳木、柏树等乔木。灌木主要有紫穗槐、芦竹、慈竹、柽柳和杞柳等。

38. 山地脐橙园（基地）如何建设？

答：山地脐橙园（基地）建设，应按事先设计的道路系统、灌排系统和土壤改良要求进行建设。以下重点介绍建设中测等高线、梯地的修筑方法。

测量山地脐橙园（基地）可用水准仪、罗盘仪等，也可用目测法确定等高线。先在脐橙园的地域选择具有代表性的坡面，在坡面较整齐的地段大致垂直于水平线的方向自上而下沿山坡定一条基线，并测出此坡面的坡度。遇坡面不平整时，可分段测出坡度，取其平均值作为设计坡度。然后根据规划设计的坡度和坡地实测的坡度计算出坡线距离，按算出的距离分别在基线上定点打桩。定点所打的木桩处即是测设的各条等高线的起点。从最高到最低处的等高线用水准仪或罗盘仪等测量相同标高的点，并向左右开展，直到标定整个坡面的等高点，再将各等高点连成一线即为等高线。

对于地形复杂的地段，测出的等高线要做必要的调整。调整原则：当实际坡度大于设计坡度时，等高线密集，即相邻两梯地中线的水平距离变小，应适当减线；相反，若实际坡度小于设计坡度时，也可视具体情况适当加线。凸出的地形，填土方小于挖土方，等高线可适当下移。凹入的地形，挖土方小于填土方，等高线可适当上移。地形特别复杂的地段，等高线呈短折状，应根据"大弯就势，小弯取直"的原则加以调整。

在调整后的等高线上打上木桩或划出石灰线，此即为修筑基地的基线。

修筑水平梯地，应从下而上逐台修筑，填挖土方时内挖外填，边挖边填。梯壁质量是建设梯地的关键，常因梯壁倒塌而使梯地毁坏。根据脐橙园土质、坡度、雨量情况，梯壁可用泥土、草皮和石块等修筑。石梯壁投资大，但牢固耐用。筑梯壁时，先在基线上挖 1 条 0.5 米宽、0.3 米深的内沟，将沟底挖松，取出原坡面上的表土，以便填入的土能与梯壁紧密结合，增强梯壁的牢固度。挖沟筑梯时，应先将沟内表土搁置于上方，再从定植沟取底土筑梯壁（或用石块砌），梯壁内层应层层踩实夯紧。沟挖成后，自内侧挖表土填沟，结合施用有机肥，待后定点栽植。梯地壁的倾斜度应根据坡度、梯面宽度和土质等综合考虑确定。土质黏重的角度可大一些；相反，则应小一些；通常保持在 60°～70°。梯壁高度以 1 米左右为宜，不然虽能增宽梯面，但费工多，牢固度下降。筑好梯壁即可修整梯面，筑梯埂、挖背沟。梯面应向内倾，即外高内低。对肥力差的梯地，要种植绿肥，施有机肥，进行土壤改良，加深土层，培肥地力。

39. 平地脐橙园（基地）如何建设？

答：包括平地、水田、沙滩和河滩、海涂脐橙园等类型，地势平缓，土层深厚，利于灌溉、机耕和管理，树体生长良好，产量也较高。建设时应特别注意水利灌溉工程、土壤改良和及早营造防风林等。

(1) 平地和水田脐橙园 包括旱地脐橙园和水田改种的脐橙园，这类型果园首要是降低果园地下水位和建好排灌沟渠。

①开设排、灌沟渠：旱作平地建园可采用宽畦栽植，畦宽 4～4.5 米，畦间有排水沟，地下水位高的，排水沟应加深。畦面可栽 1 行永久树，两边和株间可栽加密株。

水田脐橙园的建园经验是建筑浅沟灌、深沟排的排灌分家，筑墩定植，也是针对平地或水田改种地地下水位高所采取的措施。

建园时即规划修建畦沟、园围沟和排灌沟 3 级沟渠，由里往外逐级加宽加深，畦沟宽 50 厘米，园围沟宽 65 厘米、深 50 厘米以上，排灌沟、深各 1 米左右，3 级沟相互通连，形成排灌系统。

洪涝低洼地四周还应修防洪堤，防止洪水入浸，暴雨后抽水出堤，减少涝渍。

②筑墩定植：结合开沟，将沟土或客土培畦，或堆筑定植

墩，栽脐橙后第一年，行间和畦沟内还可间作，收获后，挖沟泥
垒壁，逐步将栽植脐橙的畦地加宽加高，修筑成龟背形。也可采
用深、浅沟相间的形式，2～3 畦 1 条深沟，中间两畦为浅沟，
浅沟灌水，深沟蓄水和排水。栽树时，增加客土，适当提高定植
位置，扩大株行距。

③道路及防风林建设：道路应按照果园面积大小规划主干
道、支路、便道，以便于管理和操作。

常年风力较大的地区，应设置防风林带，与主导来风方向垂
直设置。主林带乔木以 1～1.5 米株行路栽植 6～8 行，株间插栽
1 株矮化灌木树，主林带厚宜 8～15 米，两条主林带间距以树高
25 倍的距离为好。副林带与主林带成垂直方向，宽约 6～10 米。
防风林宜与建园同时培育，促使尽早发挥防风作用。

（2）沙滩、河滩脐橙园 江河和湖滨，有些沙滩、河滩平
地，多年未曾被淹没过，也可发展脐橙。这些果园受周围大水体
调节气温，可减少冻害。但沙滩、河滩园也存在很多不利因素，
如沙土导热快，园地地下水位高、地势高低不平，高处易旱，低
处易涝，水肥易流失，容易遭受风害等。因此，沙滩、河滩建园
的首要任务是加强土壤改良，营造防风林和加强排、灌水利设施
的建设。沙滩园地选择时，应选沙粒粗度在 0.1 毫米以下的粉沙
土壤，地势较高，地下水位较低，有灌溉水源保证的地方建园。
定植前，以适宜的地下水位为准，取高填低，平整园地，如能逐
年客土，将较黏重的土壤粉碎后，撒布畦面更好。应尽早营造防
风林带（同水田脐橙园），防止河风危害，并将园内空地种植豆
科绿肥，覆盖沙面，降低地温，减少风沙飞扬。

40. 脐橙果树有哪几种栽植方式？

答：脐橙栽植方式应根据地形及栽植后的管理方法确定。如
山地脐橙园，坡度大，应采取等高梯地带状栽植；平地脐橙园则

可采取长方形栽植、正方形栽植和三角形栽植。

（1）等高栽植 此种种植方式株距相等，行距即为梯地台面的平均宽度。将脐橙按等高栽植或成带状排列，每 667 米^2 栽植株数的计算公式为：667（米^2）/株距（米）×梯面平均宽度（米）。得数是大约数，应加减插行或断行的株数。

（2）长方形栽植 行距大于株距，又称宽窄行栽植。这种栽植方式通风透光好，树冠长大后便于管理和机械作业，是目前脐橙生产上用得最普遍的一种栽植方式。每 667 米^2 栽植株数的计算公式为：667（米^2）/株距（米）×行距（米），如株距 3 米，行距 4 米，代入公式后为：667/3×4＝667/12＝55.6 株，即每 667 米^2 栽植 56 株。

（3）正方形栽植 即株距和行距相等的栽植方式。此种栽植方式在树冠未封行前通风透光较好，但不能用于密植。因为密植条件下通风透光不良，管理不便，同时也不利间种绿肥。每 667 米^2 种植株数的计算公式为：667（米^2）/株距（或行距）^{2}（米^2）。

（4）三角形栽植 三角形栽植方式，株距大于行距，各行互相错开而呈三角形排列。优点是可充分利用树冠间的空隙，增加叶面积受光量，同时较正方形栽植可多栽 10%～15% 的植株。缺点是果园不便管理和机械化作业。山地脐橙园梯面较宽，栽 1 行有余，2 行不足时，常采用三角形栽植方式。每 667 米^2 栽植株数的计算公式为：667（米^2）/株距^2×0.866，如株距为 3 米，则每 667 米^2 的栽植株数为：667/3^2×0.866＝667/9×0.866＝667/7.794＝85.5，即 667 米^2 栽 86 株。

41. 脐橙容器苗如何栽植、管理？

答：栽植前轻拍育苗容器四周，使苗木带土与育苗容器分离。一只手抓住苗木主干的基部，另一只手抓住育苗容器，将脐橙苗轻轻拉出，不拉破、散落营养土。栽植时必须扒去四周和底部 1/4 营养土至有根系露出为主，剪掉弯曲部分的根，疏理根部，使根系展开，便于栽植时根系末端与土壤接触，利于生长。栽后根颈部应稍高出地面，以防土壤下沉后根颈下陷至泥土中，出现生长不良和引发脚腐病等。栽后的脐橙苗做一个直径 50～60 厘米的土墩（树盘），充分浇足定根水。脐橙容器苗的栽植见图 5-1。

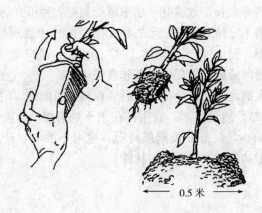

0.5 米

图 5-1　脐橙容器苗栽植

　　另一种栽植方法是：在重庆忠县的美国施格兰公司曾采用的泥浆法栽植技术。先确定定植穴，后用专用的取土器钻 1 个直径 20 厘米、深 40～50 厘米的穴，灌满水。再从容器中取出苗，剪除主根末端弯曲部分，掏去根系上原有的一半营养土，将苗放入穴中，一边回填土一边加水，使根系周围的土壤松散，用手插入土中往根系方向挤压，使土壤与根系紧密接触，最后扶正主干，使其与地面垂直，并使根颈部高出地面 15 厘米左右。此法栽植后苗木根系与土壤接触紧密，即使在盛夏也可 3～4 天不浇水，成活率也高。但在雨天或温度较低时栽植，浇水宜少些，夏季定植时待栽苗木不能卧放，也不能在阳光下暴晒，以免伤根。

　　栽后一旦发现苗木栽植过深可采取以下方法矫正：通过刨土

能亮出根颈部的,用刨土或刨土后留一排水小沟的方法解决;通过刨土无法亮出根颈部的,通过抬高植株矫正。具体做法:两人相对操作,用铁锹在树冠滴水线处插入,将苗轻轻抬起,细心填入细土,塞实,并每株灌水约 10～20 千克。

由于栽植的是脐橙无病毒苗,要求清除园内原有的柑橘类植株(通常都带有病毒),以免在修剪、除萌等人为操作中将病毒传至新植的无病毒苗。栽植脐橙无病毒苗成活率、产量均较露地苗高,经济寿命长,效益好,越来越受到广大种植者的青睐。

脐橙苗木定植后约 15 天左右(裸根苗)才能成活,此时,若土壤干燥,每 1～2 天应浇水 1 次(苗木成活前不能追肥),成活后勤施稀薄液肥,以促使根系和新梢生长。

有风害的地区,脐橙苗栽植后应在其旁边插杆,用薄膜带用"∞"形活结,缚住苗木,或用杆在主干处支撑。苗木进入正常生长时可摘心,促苗分枝形成树冠,也可不摘心,让其自然生长。砧木上抽发的萌蘖要及时抹除。

六、脐橙土肥水管理

42. 脐橙土壤管理有哪些要求?

答:脐橙园土壤管理的实质是使土壤中的气、水、肥、热协调,建立良性循环的土壤生态系统,有利根系生长,促进树体早结果、优质、丰产稳产,增强树体抗旱、抗寒等抗逆能力。

具体要求如下:

(1) 土壤通气良好 脐橙根系需要氧气供其生长和呼吸,积水或板结的土壤会导致脐橙根系缺氧死亡。一般在土壤中氧气的含量不低于15%时根系生长正常;不低于12%时新根才能正常发生;当土壤中氧含量低于7%~10%时,根系生长明显受阻。土壤中二氧化碳含量过高,也会使根系生长停止;不良的通气条件可导致土壤中有毒物质的积累,从而影响根系对土壤矿物养分的吸收,严重时可使根系死亡。可见,生产中改善土壤的通气性,可满足脐橙果树生长发育所需。

(2) 土壤湿度适宜 水是土壤中营养物质的载体,矿物养分溶解于水中才能被脐橙根系吸收利用,所以常说水肥不分家。

通常脐橙根系在土壤持水量为60%~80%时生长正常。含水过多会使脐橙根系缺氧,产生硫化氢等有毒物质,抑制根系呼吸,甚至生长停止;水分过少则土壤中的矿物营养难以溶解,不易被根系吸收而使植株出现缺肥。适宜脐橙种植的土壤,应具备良好的排、蓄水调节能力,维持正常的水分供给和调节能力。

(3) 土壤有机质丰富 土壤中的有机质经脐橙根系分解以

后，可提供营养给脐橙根系，增加土壤的团粒结构，增加土壤的空隙度，改善土壤的通气条件，提高土壤的保水保肥能力。通常脐橙正常生长所需的土壤有机质应在 3% 左右。

(4) 发挥地力潜能 有人曾测算，当土地的耕作层为 3 厘米时，每 667 米^2 表土的氮素含量相当于尿素 123 千克，磷含量相当于过磷酸钙 200 千克，钾含量相当于硫酸钾 100 千克。若土壤耕作层达到 1 米的深度，则每 667 米^2 的含氮（N）量可达到 1 900 千克，含磷（P_2O_5）量 1 040 千克，含钾（K_2O）量 1 767 千克。这些矿物质养分经根系和根际微生物的分解，逐步变为可被脐橙吸收利用的有效态养分，可达节省肥量的目标。

(5) 保持适宜的酸碱度 脐橙需要微酸性的土壤环境，以 pH6.0～6.5 为最适。土壤是最活跃的脐橙种植介质，肥料的施用，根际分泌物等都可能对土壤酸碱度产生不同的影响。而土壤酸碱度对脐橙根系吸收矿物养分又起着促进或抑制的作用，土壤有较好的酸碱度平衡适应能力是土壤管理的目标之一。

(6) 保护土壤、养分不流失 脐橙园，尤其是山地脐橙园常发生土壤流失。1 年流失表土 1 厘米，10 年就是 10 厘米，严重程度惊人。因此，防止脐橙园土壤流失是土壤管理的目标之一。

(7) 避免土壤发生污染 生产优质脐橙的果园，应注意防止土壤被污染。通常通过加强对土壤的监测，严格控制脐橙园化肥、农药、除草剂、激素以及有可能对土壤产生污染的物质进入或施入土壤。

43. 我国脐橙产区土壤有哪些主要类型？各有什么特性？

答：我国脐橙主要在南方红、黄土壤以及紫色土丘陵山地种植，部分在冲积土上种植。

(1) 红壤 红壤是在长期高温和干湿季交替条件下形成的土壤。主要成土母质有花岗岩、变质岩、石灰岩、砂页岩和第四纪老冲积物。植被为常绿阔叶林及针阔叶混交林。

红壤具有深厚的红色土层，心土和底土为棕红色，坚实黏重，和铁铝胶体黏结，呈棱块状结构，具有黏、酸、瘦、缺磷的特点。由于热量资源丰富，适宜脐橙种植。我国红壤主要分布在广西、福建、台湾、海南、浙江、江西、湖南、云南等省（自治区）。红壤种植脐橙，应针对其特点，改良熟化土壤，采取深沟压埋有机肥（绿肥），施石灰，提高土壤 pH。

红壤脐橙园常易出现的缺素症是缺锌，其次是缺硼、缺镁、缺钙。随脐橙树龄和结果量的增加，缺素症加重。由于红壤酸性强，锰的活性高，在个别脐橙园植株有可能出现锰中毒的现象。因此，生产上应注意矫治缺素症，防止锰中毒。

(2) 紫色土　紫色土主要由紫色页岩和紫色砂岩风化而成。从颜色直至理化性质均受母岩性状的强烈影响，是一种幼年土。紫色土在植被被坏后，水土侵蚀严重，母岩裸露。

紫色土，当由页岩形成时，土壤较黏重，含碳酸钙高，呈中性至微碱性反应。当由砂岩形成时，土壤质地疏松，碳酸钙被淋溶，土壤呈中性至微酸性。紫色页岩和砂岩形成土壤的共同特点是物理风化作用强烈，当母岩裸露，只要经过短暂时间日晒雨淋，热冷膨缩，即崩解成适于脐橙生长的土壤。土层浅薄，通透性良好，保水保肥力差，有机质含量 1.0% 左右，氮低，磷、钾含量高。紫色土主要分布在四川、重庆，广东、云南、湖南等省也有零星分布。脐橙主要分布在紫色土丘陵山地。爆破改土，客土加厚土层，增施有机肥是紫色土脐橙种植成功之举。

紫色土脐橙园常有缺素症发生，枳砧脐橙缺铁，同时伴随缺锌。红橘砧脐橙零星发生缺锰，植株虽未明显表现缺镁症，但叶片分析含镁量低。

(3) 黄壤　黄壤是亚热带温暖湿润地区常绿阔叶林条件下形成的土壤。成土母质多为石灰岩、砂页岩、变质岩和第四纪砾石及黏土。主要植被为常绿林和落叶阔叶林或松、杉。

在温湿条件下，由于淋溶作用强烈，土壤呈酸性至微酸性反应。有机质含量 2%左右，当植被被破坏后，耕作不当时有机质下降至 1%左右。土壤黏、酸、瘦、缺磷。我国黄壤种植脐橙仅零星分布。栽培应注意水土保持，改良土壤，防止缺钾。

（4）冲积土 在江、河流域范围内，土壤受流水的侵蚀，在江河两岸沉积为阶地及洲地。冲积土的特征是母质组成决定于流域的土壤类型。不同母质形成的土壤肥力有所不同。

由于多种沉积、冲积层次变化较大，沉积层深厚，以砂壤、中壤为主，通透性和耕作性能良好，养分含量比较高。冲积土最适脐橙根系生长，但保水保肥力较差，施肥宜勤施薄施，地下水位高的不适建园，要建园，必须降低地下水位。

44. 怎样进行脐橙果园的土壤管理？

答：我国脐橙园的土壤管理有清耕法、免耕法、覆盖法、生草法和培土法等。

（1）清耕法 即雨后松土除草，以免杂草与树体争夺养分，同时，增加中耕次数，促进土壤通气，加速有机质分解。但对南方丘陵多雨的脐橙产区，因其土壤表面长期裸露，表土容易流失，养分也易被淋溶，土壤结构易被破坏，不宜长期使用，不然会导致各种缺素症，使树体衰弱。

（2）免耕法 起源于美国。1919 年在美国加利福尼亚州的辛克利发明的一种特殊的脐橙园土壤管理方法——免耕法。对脐橙园不中耕，不种绿肥，不施有机肥，杂草丛生时，连根带土铲除，与枯枝落叶一并覆盖于树盘，化肥撒在覆盖物上，由雨水溶化，流入土中。经 30 年如此的土壤管理，脐橙园土壤结构依然良好，肥力和有机质含量维持正常，土温比种绿肥作物的脐橙园高 1～2℃，园内脐橙根系发达，生长健壮，高产稳产，品质优良，成熟提早，生产成本逐渐降低，但免耕法只适于砂壤土和中等黏重的壤土,不适于未经深耕熟化的黏土。此外,对坡度大的园地,因不能抵抗水土流失也不适用。

(3) 覆盖法 因覆盖的材料不同,分为覆草法和覆膜法。覆盖时间、范围不同又有全年覆盖、季节性覆盖、全国覆盖和局部(树盘)覆盖之分。

覆草法:即在脐橙园地表覆草,其优点:一是稳定土温,高温干旱季节可降低地表温度,冬季可提高土温 1～3℃,减少土壤水分蒸发,提高土壤含水量。有试验表明,覆盖园 7～8 月的表土温度 32℃,12～1 月的表土温度 12℃,夏秋干旱时土壤含水量也保持在 20％以上,而清耕园土温分别在 36℃以上和 10℃以下,土壤含水量降至 20％以下。二是防止土壤冲刷,保持土壤疏松,有利于土壤微生物的活动,有利于提高土壤有机质和有效养分含量,有利于根系对土壤养分、水分的吸收,有利于提高果实品质和产量,有利于抑制杂草的危害;对盐碱较重的脐橙园有利于保水防旱,防止返盐。但覆草法受覆草物(材料)的限制,尤其对成片规模型的基地实施较难。覆草应注意草离根颈部和主干不小于 10 厘米,以免天牛等虫害的危害。

覆膜法:即用不同色泽的地膜覆盖。地膜覆盖,一是提高早期土温,通常能提高 2～4℃,促进脐橙根系早活动,冬季有防冻防旱的作用。二是可减少土壤水分蒸发和水土流失,保持土壤良好的团粒结构,保护根系,增加根量,进而提高产量。有试验表明,采用白色透明、绿色和黑色的不同地膜,与对照(不覆膜)相比均有增产效果,但增产效果最佳的是白色透明膜较对照增产 23％左右,其次为绿色膜增产 15％左右,黑色膜较差,较对照增产约 12％。

(4) 生草法 生草法即让脐橙园自然生草或人工种草,使草覆盖整个脐橙园,在草生长旺盛时,割取埋入土中或进行树盘覆草,不作中耕除草。生草法的优点是防止水土流失,改善土壤的理化性质,增加土壤有机质,提高土壤排水、保水和通气性能。

其不足之处是易与树体争肥，同时草的根系浅，不利农事操作。为解决争肥之弊，宜在脐橙根系生长活动高峰，割草覆盖树盘，埋入土中或作饲料。

(5) 培土法 培土又叫客土。培土即给果园增厚土层，培肥地力，尤对土层浅薄的丘陵山地脐橙园，水土流失严重，根系裸露的脐橙园应注意培土。培土应根据土质而定，黏土培（客）沙土，沙土培（客）黏土，在果园旁选择肥沃的土壤培（客）土，起增厚耕作层和施肥的作用。三峡库区，淹没前将沃土移至果园培肥，既减少库区污染，又培肥果园，实属一举两得。

培土宜在冬季，通常培土宜先松土，后培土，培土厚度10～15厘米，有条件的可隔1～2年再培（客）1次。

45. 脐橙幼龄果园、成年果园如何进行土壤管理？

答：**(1) 幼龄果园** 幼龄果园树冠覆盖率低，空地相对较多，加之土壤亟待熟化培肥，其主要的管理措施：一是在行间间种矮秆、浅根、非藤蔓类、与脐橙无共生性病虫害的作物，如豆科绿肥、花生、蔬菜、黑麦草等。既控制杂草生长，又保持水土、培肥土壤和获得经济效益。二是在雨、热丰富的夏、秋季和寒冷的冬季，就地取材，用蒿秆、杂草、枝叶等覆盖距树干25～60厘米段的土面，既可保持土壤疏松湿润，防止表土流失，又能在高温、低温时有效调节土温，使脐橙安全度夏越冬。三是适度中耕、培土、翻土，以促进良好的土壤结构形成，增强土壤的抗逆性。四是在干旱季节脐橙需水时及时灌溉，在养分临界期科学使用肥料，使土壤能保证供给脐橙生长结果所需的营养和水分。

(2) 成年果园 成年果园树冠长大，进入郁闭，园内不再适宜喜光作物种植。一是坡度大，易冲刷的山地脐橙园，宜用秸秆或薄膜等覆盖地表，能调节土温（夏降冬升）和增加土壤的含水量，保持水土。二是为防止水土流失，可选用耐阴性强的草种作生草栽培。在生长旺盛的夏季，用除草剂或人工刈割铺于地表。保湿、降温、肥土。生草栽培视土壤板结情况，2 年或 3 年作全园深翻，时间初冬或早春，翻土深度 25 厘米左右。三是适时灌水施肥，保证脐橙果树对肥水的需求。

46. 为什么脐橙园的土壤会老化？怎样防止？

答：脐橙园土壤老化的因子，主要是脐橙园坡度倾斜大，耕作不当，水土流失严重，使耕作层浅化；长期大量施用生理酸性肥料，如硫酸铵等，引起土壤酸化；长期栽培脐橙，土壤中积聚了某些有害离子和侵害脐橙的病虫害，因而使土壤肥力及生态环境严重衰退恶化，不适宜脐橙生长。

防止脐橙园土壤老化措施：一是做好水土保持，在脐橙园上方修筑拦水沟，拦截脐橙园外天然水源。脐橙园内修建背沟、沉砂池、蓄水池等排灌系统。保护梯壁，梯壁可自然生草，也可人工栽培绿肥，梯壁的生草和绿肥宜割不宜铲。脐橙园间作绿肥和树盘覆盖等，都有利于减少土壤水土流失。二是多施有机肥，合理使用化肥，特别是要针对不同土壤，合理施用酸性肥料，以免造成土壤酸化。三是深翻，加强土壤通气，可消除部分有毒有害离子，还可消除某些病虫害对脐橙的侵害。

47. 红壤、酸性土和黏重土脐橙园土壤如何改良？

答：**(1) 红壤脐橙园土壤改良**　由于红壤瘦、黏、酸和水土流失严重，远不能满足脐橙生长发育的要求，造成脐橙生长缓慢，结果晚，产量低，品质差，甚至无收。红壤土培肥改良措施：一是修筑等高梯田、壕沟或大穴定植。二是脐橙园种植绿肥，以园养园，培肥土壤。三是深翻改土，逐年扩穴，增施有机肥，施适量石灰，降低土壤酸性。四是建立水利设施，做到能排能灌。五是及时中耕，疏松土壤，夏季进行树盘覆盖。

（2）酸性土脐橙园土壤改良　脐橙是喜酸性植物，适宜pH5.5～6.5。对 pH 过低，酸性过强的土壤，如 pH4.5 以下，不仅不适宜脐橙生长，而且铝离子的活性强，对脐橙根系有毒害作用，因此必须施石灰改良，降低过量酸及铝离子对脐橙的危害。其化学反应如下：

$$[土壤]_H^H + Ca(OH)_2 \longrightarrow [土壤]Ca + 2H_2O$$

$$[土壤]_H^H + CaO \longrightarrow [土壤]Ca + 2H_2O$$

$$[土壤]_{Al}^{Al} + 3Ca(OH)_2 \longrightarrow [土壤]_{Ca}^{Ca} + 2Al(OH)_3$$

经多年施用石灰，使强酸性土改良为适应脐橙生长的微酸性土。石灰使铝离子（Al^{3+}）沉淀，克服铝离子对根系的毒害。一般每 667 米^2 施石灰 25～50 千克。

（3）黏重土脐橙园土壤改良　黏重土壤由于含黏粒高，孔隙度小，透水、透气性差，但保水保肥力较强。重黏土（含黏粒90％以上）收缩大，干旱易龟裂，使根断裂，并暴露于空气中。湿时不易排水，易引起根腐。因此不利脐橙生长发育。此类土壤应掺沙改土，深沟排水，深埋有机物，多施有机肥，经常中耕松土，改善土壤结构，增强土壤透水、透气能力。

48. 哪些绿肥作物适在脐橙园间（套）种？

答：脐橙园适宜间种的绿肥按季节分有夏季绿肥和冬季绿肥，且以豆科作物为主。夏季绿肥有印度豇豆、绿豆、猪屎豆、竹豆、狗爪豆等；冬季绿肥有箭筈豌豆、紫云英、蚕豆、肥田萝卜。在脐橙园背壁或附近空地，常种多年生绿肥，如紫穗槐、商陆等。现简介如下：

（1）箭筈豌豆　又名野豌豆，为豆科冬季绿肥作物。其主要特征：茎柔软有条棱，半匍匐型，根系发达，能吸收土壤深层养分，耐旱耐瘠，但不耐湿。每 667 米^2 的用种量 2.5～4 千克，留种用的播种量为每 667 米^2 1.5～2 千克。种植箭筈豌豆，每 667 米^2 可产鲜绿肥 1 500 千克以上。

(2) 豌豆 豆科冬季绿肥作物。其主要特征：茎叶上似有白霜，根系发达。在较瘠薄的红壤上生长较旺，不耐水渍，忌连作，比紫花豌豆更耐瘠。每 667 米^2 用种量为 2.5～3 千克，产鲜绿肥 1 500 千克左右。

(3) 紫花豌豆 1 年生豆科冬季绿肥作物。对气候、土壤要求不严，抗寒力比蚕豆（大豆）强，耐旱不耐湿。植株高大。

紫花豌豆含氮 (N) 0.364%、含磷 (P_2O_5) 0.151%、含钾 (K_2O) 0.251%。每 667 米^2 用种量为 3.5～4.0 千克，鲜绿肥产量为 1 250～1 500 千克。

(4) 蚕豆 1 年生豆科冬季绿肥作物，对气候和土壤条件要求不严，以温暖湿润气候和较肥的黏壤土最适宜。根较浅，抗寒性较差。其鲜绿肥含氮 (N) 0.55%、含磷 (P_2O_5) 0.12%、含钾 (K_2O) 0.45%。用种量每 667 米^2 为 7～8 千克，产鲜绿肥 750～1 000 千克。

(5) 印度豇豆 豆科夏季绿肥作物。茎蔓生缠绕，根深达 1 米以上，耐旱性强，耐瘠，适于新垦红壤脐橙园种植。生育期较长，植株再生能力强，可分期刈割作绿肥。鲜绿肥含氮 (N) 0.606%，用种量为 1.5～2.5 千克，产鲜绿肥 1 000～2 000 千克。

(6) 绿豆 1 年生豆科夏季绿肥作物。耐旱、耐瘠，不耐涝。一般的土壤均可种植。播种期长。通常播后 50 天左右可翻压作绿肥。鲜绿肥含氮 (N) 0.52%、含磷 (P_2O_5) 0.12%、含钾 (K_2O) 0.93%。用种量每 667 米^2 为 1.5～2 千克，产鲜绿肥 750～1 000 千克。

(7) 竹豆 土名钥匙豆，夏季豆科绿肥作物。匍匐蔓生，侧根细长，耐瘠耐阴。适于有灌溉的脐橙园中种植。用种量每 667

米^2 为 1～1.5 千克，鲜绿肥产量可高达 4 000 千克以上。

(8) 狗爪豆　名名富贵豆，系豆科夏季绿肥作物。蔓生，长达 3 米左右，适应性强，耐旱耐瘠，生长期长，7 月上、中旬可覆盖全园。分两次刈割作绿肥：第一次离地面留 4 节处刈割，第二次再提高 3 节位刈割。每 667 米^2 用种量为 4～5 千克，鲜绿肥产量为 2 000～3 000 千克。

(9) 紫云英　又叫红花草。为豆科冬季绿肥作物。株丛不高，分枝近地面着生，须根发达，根瘤多，喜温暖湿润，耐瘠性较差，鲜绿肥含氮（N）0.40%、含磷（P_2O_5）0.036%、含钾（K_2O）0.72%。用种量每 667 米^2 为 2～2.5 千克，产鲜绿肥 4 000～5 000 千克。

(10) 紫花苜蓿　1 年生豆科冬季绿肥作物。对土壤要求不严，性喜钙，耐瘠耐湿，也较耐旱、耐盐碱。鲜绿肥含氮（N）0.56%、含磷（P_2O_5）0.18%、含钾（K_2O）0.316%。用种量每 667 米^2 为 1～1.5 千克，产鲜绿肥 1 500 千克。

(11) 紫穗槐　多年生豆科落叶灌木。适应性强，在砂土、黏土和 pH 为 5.0～9.0 的土壤中，都能生长。耐湿耐旱，耐瘠中等。其鲜绿肥含氮（N）1.32%、含磷（P_2O_5）0.36%、含钾（K_2O）0.79%。繁殖可用扦插或播种的方法。每 667 米^2 产鲜绿肥 2 500～3 000 千克。

(12) 柽麻　1 年生豆科绿肥作物。对土壤要求不严，耐瘠、耐湿，也较耐干旱和盐碱。鲜绿肥含氮（N）0.78%、含磷（P_2O_5）0.15%、含钾（K_2O）0.30%。用种量每 667 米^2 为 1.5～2 千克，产鲜绿肥 3 000～4 000 千克。

(13) 肥田萝卜　又叫满园花。为十字花科冬季绿肥作物。茎粗大，株型高，主根发达，侧根少。耐瘠，较耐酸，对土壤难溶性养分利用力强，适于在初开垦的红壤脐橙园中种植。每 667 米^2 用种量为 0.5 千克，产鲜绿肥 3 000 千克左右。

(14) 黑麦　禾本科冬季绿肥作物。根系发达，分蘖力强。

耐瘠、耐酸、耐寒，抗旱力强，栽培容易。适于初垦红壤脐橙园种植。每 667 米² 播种量为 3～4 千克，最好与豆科冬季绿肥混种。4 月上旬盛花。为减缓与脐橙争肥的矛盾，应在 3 月中旬前后对黑麦增施速效氮肥。黑麦刈割后可不翻压，在其行间播种夏季绿肥。每 667 米² 产鲜绿肥 1 200～1 500 千克。

(15) 黑麦草 禾本科冬季绿肥作物。分蘖力强，生长迅速而繁茂，须根发达，密布耕作层和地表，在地面上如一层白霉，对改善脐橙园的土壤结构有很大作用。耐瘠、耐旱，栽培容易。每 667 米² 播种量为 1 千克左右，最适与豆科冬季作物混播，并于 3 月中、下旬增施速效氮肥，以减缓与脐橙争肥的矛盾。每 667 米² 产鲜绿肥 2 000～3 000 千克。

(16) 红、白三叶草 多年生豆科草本。适应性强，耐阴、耐湿。秋播（9 月上旬）或春播（3 月上旬），每 667 米² 产鲜绿肥 3 000 千克。红、白三叶草混播更好。

(17) 藿香蓟 菊科 1 年生草本作物，3 月份育苗移栽，以后落籽自然繁殖，每 667 米² 产鲜绿肥 2 000～3 000 千克，还可抑制红蜘蛛、吸果夜蛾。

(18) 百喜草 多年生禾本科草本。再生能力强，耐旱、耐涝、耐瘠和耐践踏，春播，每 667 米² 产鲜绿肥 4 000 千克。

(19) 日本菁 多年生豆科绿肥，直立速生，每 667 米² 产鲜绿肥 5 000 千克以上。

(20) 商陆 剔各大苋菜、湿萝卜，多年生宿根草本（中药材），耐寒、耐旱、耐瘠。少病虫害，在比较坚硬瘠薄梯壁上也长得很好，宜作梯壁绿肥。含氮 3.93%、含磷 0.56%、含钾 2.40%，含硝酸钾较高。对着果有促进作用，湖南郴州地区莲花坪农场唐振陶介绍，商陆茎叶细嫩，还是猪的好饲料，茎叶浸出叶对防治蚜虫有效。每 667 米² 产鲜绿肥 4 000 千克，3 月份育苗移栽，长久利用。

49. 脐橙需要哪些营养元素？各有什么作用？

答：脐橙的整个机体，在生长发育过程中，需要 30 多种营养元素，脐橙要求 6 种大量元素——氮、磷、钾、钙、镁、硫，其含量为叶片干重的 0.2‰～0.4‰ 左右。脐橙还需多种微量元素，一般常见的有硼、锌、锰、铁、铜、钼，其含量范围在 0.12～100 毫克/千克。脐橙需要的大量元素和微量元素，在数量上有多有少，但都是不可缺少的，在生理代谢功能上，相互是不可代替的。如果某一种元素缺少或过量，都会引起脐橙营养失调。脐橙的栽培就是调节树体营养平衡，达到树势健壮，高产优质的目的。

(1) 氮 脐橙树体内氮素通常以有机态存在，成为蛋白质、叶绿素、生物碱等的构成成分。氮素在组织内，尤其在叶片中，即使增加量很小，对枝叶的生长和果实的影响却很大，在施氮量不超过限量时，随着施氮量的增加，叶片的含氮量和果实的产量也会随之增加。在植株开花前后，大量的氮素由叶片转至花蕾中满足开花的需要。若在冬季和早春大量落叶，则会造成氮素的大量损失，影响树势和花果的发育，造成减产。在一定范围内，植株的着花数和坐果数，与树体内的含氮量呈正比；施氮量与产量之间呈现正相关，叶片含氮量低，果实小，且对果实品质也有不良影响。

(2) 磷 磷是形成原生质、核酸、细胞核和磷脂等物质的主要成分。磷参与树体内的主要代谢过程，在光合作用、呼吸作用和生殖器官（果实）形成中均有重要作用。

(3) 钾 钾与脐橙的新陈代谢、碳水化合物合成、运输和转运有密切关系。钾适量能使植株健壮，枝梢充实，叶片增厚，叶色浓绿，抗寒性增强，果实增大，糖、酸和维生素 C 含量提高，且增强果实的耐贮性。

（4）钙 钙在脐橙叶片中含量最多，钙与细胞壁的构成、酶的活动和果胶的组成有密切关系。钙素适量可调节树体内的酸碱度，中和土壤中的酸性，加快有机物质的分解，减少土壤中的有毒物质。

（5）镁 镁是脐橙果树光合作用主要物质叶绿素组成的核心元素，也是酶的激活物质。

（6）铁 铁参与酶活动，与细胞内的氧化还原过程、呼吸作用和光合作用有关，对叶绿素的形成起促进作用。

（7）锰 锰是树体内各种代谢作用的催化剂，能提高叶片呼吸强度，促进碳素的同化作用，并与叶绿素的形成有关。

（8）锌 锌是某些酶的组成部分，与叶绿素、生长素的形成及细胞内的氧化还原作用有关。

（9）铜 铜是某些酶的组成部分。铜与叶绿素结合，可防止叶绿素受破坏。

（10）硼 硼能促进碳水化合物的运转、花粉管发育伸长，有利于受精结实，提高坐果率；硼还可以改善根系中的氧供应，促进根系发育，提高果实维生素和糖的含量。

（11）钼 钼参与硝酸还原酸的构成，能促进硝酸还原，有利于硝态氮的吸收利用。

（12）硫 硫系胱氨酸及核酸等物质的组成部分，它能促进叶绿素的形成。

50. 脐橙缺氮原因、症状有哪些？如何矫治？

答：缺氮原因。脐橙是常绿果树，需氮量较多，施肥不足是缺氮的主要原因。此外，土壤肥力低下，有机质含量低，土壤渍水，高雨量，砂质土壤的脐橙产区，以及土壤含钠、氯、硫、硼过多或施用磷肥过多等，均可诱导脐橙缺氮。

缺氮症状。缺氮会使叶片变黄，缺氮程度与叶片变黄程度基本一致。当氮素供应不足时，首先出现叶片均匀失绿，变黄，无光泽。这一症状可与其他缺素症相区别。但因缺氮所出现的时期和程度不同，也会有多种不同的表现。如在叶片转绿后缺氮，其表现症状是先引起叶脉黄化，此种症状在秋冬季发生最多。严重缺氮时，黄化增加，顶部形成黄色叶簇，基部叶片过早脱落，出现枯枝，造成树势衰退，甚至数年难以恢复。

脐橙根系对氮素的吸收作用，不论是铵态氮，还是硝态氮或是尿素，均能在短期内吸收利用，但吸收情况受环境因子和树体内部因子的影响。如土壤水分供应减少时，会导致氮的吸收减少；在极干旱的情况下，甚至不能吸收氮素。再如在酸性土壤中 Ca^{2+}（钙离子，下同）多时，更有利于根系对铵态氮的吸收利用；若土壤溶液中，Ca^{2+}、Mg^{2+}、K^+ 的浓度低时，施硝态氮比施铵态氮更有利于树体的吸收利用。

氮肥过多会破坏营养元素之间的平衡，对钾、锌、锰、铜、钼、硼，尤其是磷的有效吸收利用，均有不良影响。总之，氮肥使用适当，不仅保证枝叶生长良好，而且有壮花、稳果、壮果、壮梢和促进根系生长的作用，尤以促梢壮果需氮量大，适当配合磷、钾、钙、镁的施用，更有利于树体的生长发育。

缺氮应及时矫治，矫治措施除土施尿素外，还可进行根外追肥，如脐橙新叶出现黄化，可叶面喷施 0.3%～0.5% 的尿素溶液，5～7 天 1 次，连续喷施 2～3 次即可，也可用 0.3% 的硫酸铵或硝酸铵溶液喷施。

51. 脐橙缺磷原因、症状有哪些？如何矫治？

答：缺磷原因。土壤中总磷含量低是脐橙园土壤缺磷的主要原因。此外，含游离石灰的土壤、渍水的土壤和酸性的土壤，磷的有效性均较低。再就是砧木、气候、生物活动等因素也可诱导土壤缺磷；施肥不当，如氮肥、钾肥用量过大，也会导致脐橙植株缺磷。脐橙园，特别是丘陵山地酸性红壤和含碳酸钙高的潮土施用磷肥有明显的效果。

缺磷症状。通常发生在脐橙花芽分化和果实形成期。缺磷植株根系生长不良，叶片稀少，叶片氮、钾含量高，呈青铜绿色，老叶呈古铜色，无光泽，春季开花期和开花后，老叶大量脱落，花少。新抽的春梢纤弱，小枝有枯梢现象。当下部老叶趋向紫色时，树体缺磷严重。严重缺磷的植株，树势极度衰弱，新梢停止生长，小叶密生，并出现继发性轻度缺锰症状；果实果面粗糙，果皮增厚，果心大，果汁少，果渣多，酸高糖少，常发生严重的采前落果。

缺磷矫治。磷在土壤中易被固定，有效性低，因此，矫治应采取土壤施肥和根外追肥相结合。土壤施肥应与有机肥配合施用；钙质土使用硫酸铵等可提高磷肥施用的有效性；酸性土施磷肥应与施石灰和有机肥结合；难溶性磷如磷矿粉用前宜与有机肥一起堆制，待其腐熟后再施用；根外追肥可用 0.5%～1% 的过磷酸钙液（浸泡 24 小时，过滤喷施）或用 1% 的磷铵叶面喷施，7～10 天 1 次，连喷 2～3 次即可。脐橙土施磷肥，通常株施0.5～1 千克的过磷酸钙或钙镁磷肥。

52. 脐橙缺钾原因、症状有哪些？如何矫治？

答：缺钾原因。土壤中代谢性钾不足是脐橙缺钾的主要原因。此外，土壤钙、镁含量高也会使钾的有效性降低，导致脐橙缺钾。钾含量较低的砂质土壤以及含钙、镁较高的滨海盐渍土往往比其他土壤上种植脐橙更易缺钾；再者，土壤缺水干旱、土壤渍水以及脐橙品种、砧木等的影响也是脐橙缺钾的原因。

缺钾症状。脐橙缺钾，在果实上表现果实小，果皮薄而光滑，着色快，裂果多，汁多酸少，果实贮藏性变差。钾含量低的植株上皱缩果较多，新梢生长短小细弱，花量减少，花期落果严重。不少叶片色泽变黄，并随缺钾程度的增加，黄化由叶尖、叶缘向下部扩展，叶片变小，并逐渐卷曲、皱缩呈畸形，中脉和侧脉可能变黄，叶片出现枯斑或褐斑，抗逆性降低。

缺钾矫治。可采用叶面喷施的方法进行矫治，常用 0.5%～1%的硫酸钾或硝酸钾进行叶面喷施，5～7 天 1 次，连续喷 2～3 次即可。此外，脐橙园旱季灌溉和雨季排涝是提高钾的有效性，防止脐橙缺钾的又一措施。通常每年春、夏两季施用钾肥效果好，成年脐橙树一般株施钾肥 0.5～1 千克或灰肥 10 千克。

53. 脐橙缺钙原因、症状有哪些？如何矫治？

答：缺钙原因。脐橙缺钙的主要原因是土壤交换性钙含量低。当土壤含钙低于 0.25 毫克/100 克干土、pH4.5 以下时，脐橙表现为缺钙症状。所以，在砂质土壤含钙量低的强酸性土壤上种植脐橙，会发生严重缺钙。一般酸性土壤中发生缺钙也较为普遍。丘陵坡地种植脐橙，由于钙的流失，也易发生缺钙。此外，土壤中交换性钠浓度太高、长期施用生理酸性肥料也会诱导脐橙缺钙。

缺钙症状。脐橙缺钙，出现植株矮小，树冠圆钝，新梢短，长势弱，严重时树根易发生腐烂，并造成叶脉褪绿，叶片狭小而薄，变黄；病叶提前脱落，使树冠上部常出现落叶枯枝。缺钙常导致生理落果严重，坐果率低，果实变小，产量锐减。

缺钙矫治。脐橙缺钙时，可用 0.3%～0.5%的硝酸钙或 0.3%的磷酸二氢钙液进行叶面喷施；也可喷施 2%的熟石灰液。我国脐橙缺钙多发生在酸性土壤，可采用土壤施石灰的方法矫治。通常每 667 米^2 土壤施石灰 60～120 千克，石灰最好与有机肥配合施用。这样，既可以调节土壤酸度，改良土壤，又可防止脐橙缺钙。土壤施石灰石或过磷酸钙，或二者混合施用，石灰石与石膏混合施用效果也好。

54. 脐橙缺镁原因、症状有哪些？如何矫治？

答：缺镁原因。缺镁原因大致有以下几种情况：一是土壤本身镁的含量低或代换性镁含量低（≤8～10 毫克/100 克干土）。二是土壤含镁或代换性镁本身含量较高，但因土壤钾含量过高或施用钾肥过多，使钾对镁产生拮抗作用，阻碍脐橙对镁的吸收。三是砂质壤土、酸性土壤镁的淋失严重，若不施用镁肥，会使脐橙产生缺镁。四是植株结果过多常会产生因缺镁而黄化，这是由于当镁缺乏时，镁由叶片转移到生长势强的果实等器官所致，尤其是秋冬季果多的脐橙植株易因镁不足而黄化。

缺镁症状。缺镁在结果多的枝条上表现更重，病叶通常在叶脉间或沿主脉两侧显现黄色斑块或黄点，从叶缘向内褪色，严重的在叶基残留界限明显的倒"V"字形绿色区，在老叶侧脉或主脉往往出现类似缺硼症状的肿大和木栓化，果实变小，隔年结果严重。

缺镁矫治。缺镁通常采用土壤施氧化镁、白云石粉或钙镁磷肥等，补充土壤中镁的不足和降低土壤的酸性，可每 667 米² 施50～60 千克；叶面可喷施 1% 硝酸镁，每月 1 次，连喷施 3 次。也可用 0.2% 的硫酸镁和 0.2% 硝酸镁混合液喷施，10 天 1 次，连续 2 次即可。喷施加铁、锰、锌等微量元素或尿素，可增加喷施镁的效果。缺镁脐橙园，钾含量较高，可停施钾肥。同样含钾丰富的脐橙园，使用镁肥有良好效果。另外，施氮可部分矫治缺镁症。有机肥养分全面，施有机肥有利矫治镁缺乏。

55. 脐橙缺铁原因、症状有哪些？如何矫治？

答：缺铁原因。引起缺铁的原因很多，主要的原因：一是碱性或石灰性土壤 pH 高，使铁的有效性下降。二是土壤中重碳酸盐影响脐橙对铁的吸收和转运。三是石灰性土壤过湿和通气不良，导致锰溶解度增大，抑制根系呼吸，阻碍根系对铁的吸收。四是大量元素（钾、钙、磷、镁）和微量元素（锌、铜）的过多施用或缺乏造成营养不平衡以及其他重金属离子（镍、镉、钴等）的影响，都会阻碍脐橙对铁的吸收。五是土壤温度。另外，脐橙砧木对铁敏感性程度的不同均会使植株出现对铁吸收利用的差异。通常枳砧脐橙易出现缺铁，而枸头橙砧、香橙砧和红橘砧脐橙较不易发生缺铁。

缺铁症状。脐橙缺铁典型的症状是失绿。失绿，首先发生在新梢上，在淡绿色的叶片上呈绿色的网状叶脉。失绿严重的叶片，除主脉呈绿色外全部发黄。缺铁植株常出现新梢黄化严重，老叶叶色正常。不同枝梢的叶片表现黄化的程度不一：春梢黄化较轻，秋梢和晚秋梢表现较为严重。受害叶片提早脱落，枯枝也时有发生。缺铁植株的果实变得小而光滑，果实色泽较健果更显柠檬黄。

缺铁矫治。由于铁在树体内不易移动，在土壤中又易被固定。因此，矫治缺铁较难。目前，较为理想的办法：一是选择适宜的砧木品种进行靠接，如枳砧脐橙出现黄化，可用枸头橙砧或香橙砧或红橘砧靠接。二是叶面喷施 0.2%柠檬酸铁或硫酸亚铁可取得局部效果。三是土壤施螯合铁（Fe-EDTA）矫治脐橙缺铁效果较好，酸性土壤施螯合铁 20 克/株，中性土或石灰性土壤施螯合铁 15～20 克/株，效果良好，但成本高，难以在生产上大面积推广。四是用 15%的尿素铁埋瓶或用 0.8%尿素铁加 0.05%黏着剂叶面喷施，也有一定效果。五是用柠檬铁或硫酸亚铁注射的办法，或在主干挖孔，将药剂（栓）放入孔中对矫治黄化也有效果。六是土壤施酸性肥料，如硫酸铵等加硫磺粉和有机肥，既可改良土壤，又可提高土壤铁的有效性。七是施用专用铁肥，在 4 月中、下旬和 7 月下旬分别施一次叶绿灵或其他专用铁肥，先将铁肥溶解在水中，然后把水浇在树冠的滴水线下。1 年生树每次施叶绿灵 1～2 克，2 年生树每次施 2～3 克，3 年生树每次施 3～5 克，大树浇药量随之增加。用叶绿灵矫治缺铁效果较好。多施有机肥是矫治缺铁的有效措施。

56. 脐橙缺锰原因、症状有哪些？如何矫治？

答：缺锰原因。缺锰在酸性土壤和石灰性土壤的脐橙园均有发生。锰的缺乏与土壤中锰的有效含量有关，淋失严重的酸性土壤和碱性土壤均易发生锰的缺乏症。酸性土施石灰过量，土壤缺磷，富含有机质的砂质土均可出现缺锰。

缺锰症状。脐橙缺锰时，幼叶和老叶均出现花叶，典型的缺锰叶片症状是在浅绿色的基底上显现绿色的网状叶脉，但花纹不像缺铁、缺锌那样清楚，且叶色较深，随着叶片的成熟，叶花纹自动消失。严重缺锰时，叶片中脉区常出现浅黄色和白色的小斑点，症状在叶背阴面更明显，缺锰还会使部分小枝枯死。缺锰常发生在春季低温、干旱而又值新梢转绿时期。

缺锰矫治。酸性土壤脐橙缺锰，可采用土壤施硫酸锰和叶面喷施 0.3％硫酸锰加少量石灰水矫治，10 天喷施 1 次，连续 2～3 次即可。此外，酸性土壤施用磷肥和腐熟的有机肥，可提高土壤锰的有效性。碱性或中性土壤脐橙缺锰，叶面喷施 0.3％硫酸锰，效果比土施更好，但必须每年春季喷施数次。多施有机肥有助矫治缺锰。

57. 脐橙缺锌原因、症状有哪些？如何矫治？

答：缺锌原因。脐橙缺锌较为普遍，仅次于缺氮，引起缺锌的原因很多，诸如土壤中的有机质含量低，钾、铜过量或其他元素不平衡，以及施用高磷、高氮的土壤常会加剧锌的缺乏。脐橙缺锌常发生在碱性土、淋溶严重或用石灰过量的酸性土上。

缺锌症状。缺锌会破坏生长点和顶芽，使枝叶萎缩或生长停止，形成典型的斑驳小叶，叶片的症状：主脉和侧脉呈绿色，其余组织为浅绿色至黄白色，有光泽，严重缺锌时仅主脉或粗大脉为绿色，故称缺锌症状为"绿肋黄化病"。

缺锌矫治。常采用叶面喷施 0.2%～0.5% 的硫酸锌液，或加 0.1%～0.25% 的熟石灰水，10 天 1 次，连续喷施 2～3 次即可。酸性土壤施硫酸锌，一般株施 100 克左右。多施有机肥矫治缺锌效果好。

58. 脐橙缺铜原因、症状有哪些？如何矫治？

答：缺铜原因。脐橙缺铜主要发生在淋溶的酸性砂土，石灰性砂土和泥炭土中。此外，脐橙园施磷、施氮过多，也会导致缺铜。酸性土壤可溶性铝的增加也会使土壤缺铜。

缺铜症状。缺铜初期，叶片大，叶色暗绿，新梢长软，略带弯曲，呈"S"字形，严重时，嫩叶先端形成茶褐色坏死，后沿叶缘向下发展成整叶枯死，在其下发生短弱丛枝，并易干枯，早落叶和爆皮流胶，到枝条老熟时，伤口呈现红褐色。缺铜症在果实上的表现是出现以果梗为中心的红褐色锈斑，有时布满全果，果实变小，果心及种子附近有胶，果汁少。

缺铜矫治。缺铜症较少见，出现缺铜症时可用 0.01%～0.02% 的硫酸铜液喷施叶片，10 天 1 次，连续喷施 2 次即可。注意在高温季节喷施浓度和用量不要过大，以防灼伤叶片。用等量式或倍量式波尔多液喷施效果也很好。但夏季使用浓度不能过高，以免伤及叶片。

59. 脐橙缺硼原因、症状有哪些？如何矫治？

答：缺硼原因。脐橙缺硼的主要原因是土壤自然含硼量低。缺硼常发生在淋溶严重的酸性土壤、有机质含量低的土壤、有机胶体少的砖红壤化的土壤、使用石灰过量的土壤、碱性钙质土壤等。此外，栽培管理不当也会造成脐橙缺硼，如化肥施用过多的土壤较施用有机肥为主的土壤易表现缺硼。大量施用磷肥、氮肥的脐橙园易导致缺硼。以酸橙作砧木的脐橙园易发生缺硼。土壤干旱、果园土壤老化也是脐橙缺硼的原因之一。

缺硼症状。缺硼会影响分生组织活动，其主要症状是幼梢枯萎。轻微缺硼时，会使叶片变厚、变脆，叶脉肿大、木栓化或破裂，使叶片发生扭曲。严重缺硼时，顶芽和附近嫩叶（尤其是叶片基部）变黑坏死，花多而弱，果实小，畸形，皮厚而硬，果心、果肉及白皮层均有褐色的树脂沉积。此外，老叶变厚，失去光泽，发生向内反卷症状。酸性土、碱性土和低硼的土壤，特别是有机质含量低的土壤最易发生缺硼。干旱和施石灰过量，也会引起缺硼，缺硼还会引起缺钙。

缺硼矫治。缺硼可用 0.1%～0.2% 的硼砂液进行叶面喷施和根部浇施。叶面喷施 7～10 天 1 次，连续喷施 2～3 次即可。喷施硼加等当量的石灰，可提高附着力，防止药害，提高喷施的效果。也可与波尔多液混合使用。根际浇施硼肥可用 0.1%～0.2% 的硼砂液，也可与人粪尿等混合浇施，效果更好。土施硼肥，一般每 667 米^2 施硼酸 0.25～0.5 千克。根际施硼过量会造成毒害，且施用的量不易掌握，加之缺硼严重的脐橙植株的根系已开始腐烂，吸肥力弱，效果不明显，故很少用。花期喷施硼是矫治缺硼的关键，可根据缺硼程度适当调节喷施硼的次数。多施有机肥有助于矫治缺硼。

60. 脐橙缺钼原因、症状有哪些？如何矫治？

答：缺钼原因。缺钼一般发生在酸性土壤上。淋溶强烈的酸性土，锰浓度高，易引起缺钼。此外，过量施用生理酸性肥料，降低钼的有效性。磷不足，氮量过高，钙低也易引起脐橙缺钼。

缺钼症状。缺钼易产生黄斑病。叶片最初在早春出现水浸状，随后在夏季发展成较大的脉间黄斑，叶片背面流胶，并很快变黑。缺钼严重时，叶片变薄，叶缘焦枯，病树叶片脱落。缺钼初期，脉间先受害，且阳面叶片症状较明显。缺钼新叶呈现一片淡黄，且多纵卷向内抱合（常称新叶黄化抱合症状），结果少，部分越冬老叶中脉间隐有可见油渍状小斑点。

缺钼矫治。矫治缺钼最有效的方法是喷施 $0.01\% \sim 0.05\%$ 的钼酸铵溶液，为防止新梢受药害，可在幼果期喷施。对缺钼严重的脐橙植株，可加大喷药浓度和次数，可在 5 月、7 月、10 月各喷施 1 次浓度 $0.1\% \sim 0.2\%$ 的钼酸铵溶液，叶色可望恢复正常。对酸性土壤的脐橙园，可采用施石灰矫治缺钼。若用土施矫治缺钼，通常每 667 米^2 施用钼酸铵 25～40 克，且最好与磷肥混合施用。多施有机肥有助于矫治缺钼。

61. 脐橙缺硫原因、症状有哪些？如何矫治？

答：缺硫原因。主要是土壤含硫量低，但常用石硫合剂防脐橙病虫害的缺硫症少见。

缺硫症状。新叶黄化（与缺铁相似），尤其是小叶的叶脉较黄，并在叶肉和叶脉间出现部分干枯，而老叶仍保持绿色。症状严重时，新生叶更加变黄、变小，且易早落，新梢短弱丛生，易干枯和着生丛芽。果实小、皮厚，并出现畸形。

缺硫矫治。可喷 $0.05\% \sim 0.1\%$ 的硫酸钾溶液，或土壤中施硫酸钙矫治。

62. 怎样矫治脐橙的缺素黄化？

答：脐橙叶片黄化现象，在脐橙生产中常出现，如江西赣南脐橙产区在各种类型的土壤上均有发生，且以丘陵山地沙漠红壤脐橙园为最，不同的脐橙品种都会出现黄化，但黄化程度有异：纽荷尔、林娜脐橙易出现黄化，华盛顿脐橙、朋娜脐橙黄化较少。树龄不同黄化程度也有异：同一脐橙园，幼龄树基本不黄化或较少黄化；进入结果后黄化开始加重，结果年限越长、结果越多，则黄化越重。7～9月果实膨大期黄化症状发展快。从出现的症状判断，有典型的缺镁症，部分果园呈现缺硼症，也有少量叶片出现缺锌的斑驳失绿。系缺镁、硼、锌造成的缺素黄化。

2007年，中国农业科学院柑橘研究所彭良志等，在江西赣州市章贡区虎形山果园信丰县油山果园进行试验。试材分别为5年生和13年生枳砧纽荷尔脐橙，土壤为红壤，缺素黄化矫治试验如表6-1。

表6-1　脐橙缺素黄化矫治试验

处理	喷布时间及浓度		
	春叶近50%展开	春叶刚全展开	秋叶刚全展开
1	0.6%复合镁肥	0.6%复合镁肥	不喷
2	0.6%复合镁肥	0.6%复合镁肥	0.6%复合镁肥
3	1.2%复合镁肥	不喷	不喷
对照	不喷	不喷	不喷

复合镁肥为中国农业科学院柑橘研究所配制，含有效镁16%、硼0.4%、锌0.3%，另有少量硫、氮和增效剂。

试验的结果：从总体上看，喷施0.6%复合镁肥2～3次，比喷1.2%复合镁肥1次效果更好；0.6%复合镁肥喷施3次的效果与喷施2次的效果无明显差异。可能是秋叶刚全展开的8月中、下旬，赣南脐橙果实膨大期已基本结束，果实需镁的高峰期已过，叶片缺镁黄化基本定型所致。

缺镁的脐橙园，土壤增施镁肥、钙镁磷肥、白云石、含镁石灰和有机肥料是矫治缺镁的有效方法，对缺硼、缺锌的，在施镁肥的同时施硼、锌肥；中国农业科学院柑橘研究所配制的复合镁肥含镁、硼、锌肥等南方红壤区脐橙果园普遍缺乏的营养元素，能同时预防或矫治镁、硼、锌缺乏症，且使用方便，可与大部分农药混用，值得一试。但因脐橙需镁量大，仅次于钙、氮、钾。严重缺镁时喷施次数宜增多，浓度宜加大，或镁肥的高效土壤使用，以达完全矫治黄化。

63. 脐橙根外追肥的肥料有哪些？用何浓度？

答：根外追肥（叶面喷施）又叫叶面施肥。采用此种方法施肥，营养元素主要通过叶片上的气孔和角膜层进入叶片，以后再被叶片吸收。用于叶面喷施的氮肥主要是尿素、硫酸铵和硝酸铵等，且以尿素最好；磷肥主要是磷铵（含磷酸二氢铵和磷酸氢铵的混合物）、过磷酸钙、磷酸二氢钾、磷酸氢二钾等，其中以磷铵效果为最好。过磷酸钙作叶面施肥，用前用水浸泡一昼夜后，按所需的浓度配制；钾肥，主要是磷酸二氢钾、硫酸钾、氯化钾、硝酸钾和磷酸氢二钾等，以磷酸二氢钾最好。脐橙果树根外追肥肥料种类和浓度见表6-2。

表6-2　根外追肥肥料种类及浓度（%）

肥料种类	喷布浓度	肥料种类	喷布浓度
尿　素	0.3～0.5	氧化锌	0.2
硫酸铵	0.3	硫酸锰	0.05～0.1 或 0.3（加0.1熟石灰）
硝酸铵	0.3	氧化锰	0.15
磷　铵	0.5～1.0	硫酸镁	0.1～0.2
过磷酸钙（滤液）	0.5～1.0	硝酸镁	0.5～1.0
磷酸二氢钾	0.2～0.4	硼酸（砂）	0.1～0.2
草木灰（浸提滤液）	1.0～3.0	钼酸铵	0.008～0.03
硫酸钾	0.5	钼酸钠	0.007 5～0.015
硝酸钾	0.5	硫酸铜	0.01～0.02
柠檬酸铁	0.1～0.2	高效复合肥料	0.2～0.3
硫酸锌	0.1～0.2 或 0.5～1.0（加0.25～0.5的熟石灰）		

64. 脐橙所需有机肥料有哪些？其作用如何？

答：用于脐橙果树的肥料有有机肥料、无机肥和少量的微肥。

有机肥又称农家肥，其主要特点是不易溶于水，分解缓慢，是迟效肥。养分全面，既含大量元素，又含微量元素，使脐橙不易缺素。但养料成分含量低。脐橙常用的有机肥料见表6-3。

表6-3 常用各种有机肥料成分

肥料种类 \ 肥分含量（%）	氮素	磷酸	氧化钾	肥料种类 \ 肥分含量（%）	氮素	磷酸	氧化钾
粪尿				油饼类			
人　粪	1.00	0.40	0.30	大豆饼	7.00	1.32	2.13
人　尿	0.50	0.10	0.30	花生饼	6.32	1.17	1.34
猪　粪	0.60	0.45	0.30	棉籽饼	3.41	1.63	0.97
猪　尿	0.30	0.13	0.20	菜籽饼	4.60	2.48	1.40
马　粪	0.50	0.35	0.30	茶籽饼	1.11	0.37	1.23
马　尿	1.20	微量	1.50	桐籽饼	3.60	1.30	1.30
牛　粪	0.30	0.25	0.10	杂肥类			
牛　尿	0.80	微量	1.40	骨　灰	0.06	40.00	—
羊　粪	0.75	0.60	0.30	猪　毛	13.00	0.02	微量
羊　尿	1.40	0.60	2.20	牛　毛	13.80		—
鸡　粪	1.63	1.54	0.85	人　发	13～15	0.08	0.07
鸭　粪	1.00	0.40	0.30	鸡　毛	14.21	0.12	微量
鹅　粪	0.55	0.54	0.95	泥土肥类			
绿肥类				熏　土	0.18	0.13	0.40
紫云英	0.40	0.11	0.35	炕　土	0.08～0.41	0.11～0.21	0.26～0.97
苕　子	0.56	0.13	0.43	墙　土	0.10	0.10	0.57
黄花苜蓿	0.55	0.11	0.40	河　泥	0.27	0.59	0.91
满园花	0.31	0.18	0.20	塘　泥	0.33	0.39	0.34
蚕　豆	0.55	0.12	0.45	堆肥、沤肥类			
豌　豆	0.51	0.15	0.52	厩　肥	0.48	0.24	0.63
猪屎豆	0.59	0.26	0.70	土　粪	0.12～0.94	0.14～0.60	0.30～1.84
田　菁	0.52	0.07	0.15	堆　肥	0.40～0.50	0.18～0.26	0.45～0.70
饭　豆	0.50	—	0.20	沤　肥	0.32	0.06	0.29
绿　豆	0.52	0.12	0.93	粪　干	1.02	1.34	1.11
紫花苜蓿	0.56	0.18	0.31				
草木樨	0.52	0.04	0.19				

（1）人粪尿 人粪尿是良好的优质有机肥料，肥效较一般的有机肥快速，是有机肥料的速效肥。含水分70%～80%，有机

质20%左右。人粪尿以含氮为主，尿素态氮占87.0%，铵态氮占4.3%。人粪尿总含氮量占1.5%，五氧化二磷占0.63%，氧化钾占0.5%，同时还含有各种微量元素，可溶性盐和少量激素等。新鲜人粪尿呈中性，含氮多，而磷、钾较少，施用人粪尿应配合施磷、钾肥。长期单施人粪尿会破坏土壤结构，引起土壤板结，因此，人粪尿应和厩肥、堆肥等配合施用，特别是质地疏松和缺乏有机质的土壤，更应配合厩肥等一起施用，肥效更好。

(2) 厩肥 家畜粪尿、食物残渣及纤维垫料经发酵腐熟而成。厩肥含有机质丰富，一般为15%，有的高达30%。含氮0.5%～1.0%，五氧化二磷0.2%～0.4%，氧化钾0.5%～0.8%。厩肥是脐橙的良好基肥，适宜冬季施用。

(3) 绿肥 绿肥是我国脐橙生产上极重要的肥源，在果园内外均可种植，特别是幼龄果园应利用株间、行间空地种植绿肥作物。绿肥作物应以豆科作物为主，如大豆、豌豆、蚕豆、绿豆、印度豇豆、印尼绿豆和紫云英等。因豆科绿肥的根瘤菌有固氮能力，能把大气中的无效氮，固定转化成土壤中植物可吸收利用的有效氮。每667米² 脐橙园埋压豆科绿肥1 000千克，相当于施入5千克纯氮。因此，脐橙园种豆科绿肥具有肥源广，施用方便，节省劳力，自给肥料，改良土壤，提高土壤肥力的作用。

(4) 饼肥 饼肥又称油饼（枯），是脐橙最好的优质有机肥料。饼肥在有机肥料中，氮、磷、钾含量最丰富，含氮1.11%～7.0%，五氧化二磷0.37%～1.63%，氧化钾0.97%～2.13%，此外，还含钙、镁及各种微量元素。饼肥和其他有机肥料比较，又以含磷高为主要特征，这对改善果实品质有良好作用。饼肥的施用方法，是将油饼打成粉状，加20%～30%猪牛粪水混匀，堆积腐熟发酵后施用。油饼如干施，须将粉状油饼与土杂肥混匀，撒施入施肥穴中，同时施入猪牛粪水，待土吸水后盖土即可。

(5) 杂肥 农家肥料种类很多，各地都有自己的杂肥，养分含量有高有低，但施入脐橙园均有改良土壤，提高土壤肥力的作用。杂肥的塘泥、河泥、墙土、地皮土、猪牛皮渣、人发、骨粉等，都可作为肥料施入脐橙园。

65. 脐橙果园怎样增施有机肥？

答：我国不少脐橙果园，有机质严重不足。国外脐橙园有机质含量3％～5％，我国多数果园含量为1.5％～2％。由于使用化肥，特别是氮肥导致果实酸度增加，长期和过量使用化肥使土壤恶化，不利脐橙生长。因此，为使脐橙优质、丰产，提倡多施有机肥。

目前，我国的有机肥有农家肥料和商品有机肥料两大类。农家肥料含有大量生物物质，由动植物残体、排泄物、生物废物等积制而成，包括堆肥、饼肥等。这类肥料一般含有机质5％～30％，含氮磷钾0.1％～2.5％，除此之外，还含有大量的有益生物菌等物质。商品有机肥是以大量动植物残体、排泄物及其他生物废物为原料加工制成，一般都有固定的有机质和氮磷钾等养分含量，并且含量高于农家肥料。

脐橙要实现优质高产的目标，有机肥的施用量应达到：一般每667米²产2 000千克以上的脐橙果园达到"千克果千克肥"的标准，即每生产1千克脐橙需施入优质有机肥1千克；每667米²产2 500千克的丰产园，有机肥的施用量要达到"千克果千克肥以上"的水平。同时可将全年所需磷肥全部在施基肥时一同施入。

施用有机肥要结合深翻改土、扩展树盘进行，要早施，在秋末10月中旬至11月上旬施入最好。此时正是根系最后一次生长高峰，气温、土温、墒情均较适宜，既有利于根系伤口愈合恢复，基肥又能尽快分解转化，利于脐橙吸收，增加贮藏营养，为来年春季萌芽、开花、坐果提供充足营养保证。

有机肥施入可采用环状沟施或条状沟施法。环状沟施在树冠外围挖宽 40 厘米左右、深 40～50 厘米的沟，将有机肥施入后再覆土，环状沟不宜连通，应开挖为 3～4 段，避免伤根过多。条状沟施在脐橙果树行间一侧挖 1 条宽、深各 40～50 厘米的沟。翌年则在另一侧挖沟，以后再挖沟时应从先前条沟外缘再向外挖，这样几年时间就可结合施基肥将全园深翻改土一遍。

66. 脐橙所需化学肥料有哪些？其作用如何？

答：化学肥料又称无机肥料，其主要特点是易溶于水，植物根系易于吸收，肥效快。所含养分单一，但养分含量高，见表6-4。

表6-4　常用各种无机肥料成分

肥料种类＼肥分含量（％）	氮素	五氧化二磷	氧化钾	肥料种类＼肥分含量（％）	氮素	五氧化二磷	氧化钾
氮　肥				重过磷酸钙	—	45	—
硫酸铵	20	—	—	磷矿粉	—	20	—
硝酸铵	34	—	—	钙镁磷肥	18～22		
氯化铵	25	—	—				
石灰氮	20	—	—	钾　肥			
尿素	46	—	—	硫酸钾	—	—	50
氨　水	17	—	—	氯化钾	—	—	50.00～60.00
碳酸氢铵	17	—	—				
磷　肥				木　灰	—	4	10.00
过磷酸钙	—	20	—	草　灰	—	1～2	5.00

（1）氮肥的特性及施用

①尿素 $[CO(NH_2)_2]$：是化学中性氮肥，无论是酸性土、中性土、碱性土均可施用。含氮 46％，是脐橙的优质氮肥，但施入土中易流失挥发，因此，一次施用量不宜过多。尿素液叶面喷施易被吸收，根系不易直接吸收，需经转化才易被吸收。尿素

在土壤中经脲酶作用，极易转化为易被吸收的铵态氮。

②碳酸氢铵（NH_4HCO_3）：是碱性氮肥，只适宜施入酸性土脐橙园，不适宜施入碱性土脐橙园。气温升高，易分解产生氨气而挥发，损失氮素肥效。因此，宜深施，施后立即盖土。碳酸氢铵含氮 17%，其中的铵离子 [NH_4^+] 积累过多，对脐橙根系有毒害作用，因此，一次施用量不宜过多。

③硫酸铵 [$(NH_4)_2SO_4$]：是酸性肥料，适宜施入碱性土脐橙园，如海涂土和紫色土均可施用。硫酸铵含氮 20% 左右。

(2) 磷肥的特性及施用

①过磷酸钙 [$Ca(H_2PO_4)_2$]：是目前脐橙应用最广的惟一水溶性磷肥。因生产过磷酸钙时，加过量的硫酸作用于磷矿粉，因此偏酸。按理论计算含五氧化二磷 20% 左右，实际出售的过磷酸钙，含五氧化二磷 18% 左右。过磷酸钙施入过酸、过碱的土壤中，均易被固定而失效，因此，脐橙园施用过磷酸钙应和有机肥配合施用。有机肥缓冲性能强，吸附在有机肥上的磷不易被固定失效，可延长磷肥的有效性。

②骨粉：主要成分为不溶性磷酸三钙 [$Ca_3(PO_4)_2$]，是一种迟效性磷肥，若使用方法得当，肥效也好。骨粉除含磷外，还含有氮、钾、钙及微量元素，均是脐橙的良好养分，但需经过腐熟转化才能被根系吸收利用。将骨粉与有机肥料堆积发酵腐熟后施用，可以充分发挥肥效。骨粉如干施，必须和土壤混匀，并配合施猪牛粪水，也有效果，但肥效缓慢，故多用作基肥冬季施用。骨粉含五氧化二磷 20% 左右，属有机磷肥。

(3) 钾肥的特性及施用

①硫酸钾 [K_2SO_4]：是化学中性、生理酸性肥料，各类土壤脐橙园均宜施用。由于是生理酸性，施入中性和碱性土脐橙园更为适宜。硫酸钾是脐橙最好的钾肥，易溶于水，易为根系吸收利用。含氧化钾 50% 左右。

②氯化钾 [KCl]：同样是化学中性、生理酸性钾肥，对土

壤的适应性与硫酸钾相同。氯化钾是脐橙上施用最广的钾肥，因价格较低，钾源广泛，一般含氧化钾 50%～60%。

氯化钾中的氯离子 [Cl⁻]，实践证明对于脐橙果实品质不利，主要降低其含糖量，约降低 0.2% 左右。由于硫酸钾来源少，价格高，氯化钾来源广，价格低，只要施用方法得当，如盆栽 2～3 年生，1 次用量 0.1 千克以下；田间 5～10 年生，1 次用量 0.5 千克以下；25 年生左右，1 次用量 1.5 千克以下，并把含氯肥料撒施入穴中，与土壤混匀，再施肥水盖土，施 3～5 年停施 1 年，含氯肥料对脐橙没有什么影响，而且国外脐橙园也广泛施用氯化钾。

氯离子 [Cl⁻] 的积累，对脐橙根系有毒害作用，这主要存在于降雨量少的干旱地区。我国大多数脐橙栽培区雨量丰富，一般年降水量在 1 000～2 000 毫米左右，氯离子易被淋洗，不易积累，因此，对根系不会有伤害作用。

(4) 复合肥料 工业生产的肥料，含两种以上养料成分的化肥，称复合肥。常见的复合肥有磷酸二氢钾、硝酸钾、磷酸二铵等。一般复合肥都含有氮、磷、钾 3 种大量元素，有的还含有微量元素。复合肥含养分较全面，基本上都是可溶性的，肥效快，易为植物吸收利用，是脐橙的优质肥料。目前我国正在大力推广配方施肥，按一定的比例，将氮、磷、钾混合起来，起到复合肥的效用。这实际上是一种混合肥，但方法简便易行，脐橙园也常应用。国内规定配方复合肥氮、磷、钾含量必须在 25% 以上，才允许出厂市售。

67. 脐橙幼树（1～3 年生）如何施肥？

答：未进入结果期的幼树，其栽培目的在于促进枝梢的速生快长，培养坚实的枝干和良好的骨架枝，迅速扩大树冠，为早结丰产打下基础。所以幼树施肥应以氮肥为主，配合施磷钾肥。氮肥的施用着重攻春、夏、秋 3 次梢，特别是攻夏梢。夏梢生长快而健壮，对扩大树冠起很大作用，因此幼树施肥的要点是：

(1) 增加氮肥施用量 因为幼树阶段主要是进行营养生长，要迅速扩大树冠，故需施大量氮肥。根据各地经验，一般 1～3 年生幼树全年施肥量，平均每株施氮 0.18～0.3 千克，约合尿素 0.35～0.6 千克，具体使用，随树龄增加从少到多，逐年提高。氮磷钾的比例为 1∶0.5∶0.9。

(2) 施肥量 幼树随树龄增加，树冠不断扩大，对养分的需求不断增加，因此，幼树施肥应坚持从少到多，逐年提高的原则。施肥量第二年为第一年的 150%，第三年为第二年 150%。

(3) 施肥期 着重在各次抽生新梢的时期施肥，特别是 5～6 月促生夏梢，应作为重点施肥期。7～8 月促进秋梢生长，也是重要施肥期。

(4) 施肥次数 幼树根系吸收力弱，分布范围小而浅，又无果实负担，因此，一般一次施肥量不能过多，应采用勤施薄施的办法，即施肥次数要多，每次施用量要少。每年施肥 4～6 次，或更多次数。

(5) 间作绿肥，培肥土壤 幼年脐橙园，株间行间空地较多，为了改良土壤，增加土壤有机质，提高土壤肥力，防止杂草，应在冬季和夏季种植豆科绿肥，深翻入土，不断改良土壤，熟化土壤。

68. 脐橙结果树如何施肥？

答：脐橙进入结果期后，其栽培目的主要是继续扩大树冠，同时获得较多的优质果实。这时施肥也就是调节营养生长和生殖生长的平衡，既能有健壮的树势，又能丰产优质。为达此目的必须按照脐橙生育特点和吸肥规律，采用合理的施肥技术，科学施肥。

脐橙在年生长周期中，抽梢、开花、结果、果实成熟、花芽分化和根系生长等都有一定的规律，确定施肥时期应予考虑。还应考虑土壤、气候、品种、砧木、树势、产量和肥源等因素。

①花期肥：花期是脐橙生长发育的重要时期，这时既要开花，又要抽春梢，花质好坏影响当年产量，春梢质量好坏既影响当年产量，也影响翌年产量，因此，花前施肥是脐橙施肥的一个重点时期。为了确保花质和春梢质量良好，必须以施速效化肥为主，配合施有机肥，一般2月下旬至3月上旬施肥，施肥量约占全年的30%左右。

②稳果肥：稳果期正值脐橙生理落果和夏梢抽发期，这时施肥的主要目的，在于提高着果率，控制夏梢大量抽发。故避免在5～6月大量施用氮肥，否则会刺激夏梢大量抽发，引起大量生理落果，严重影响当年产量，因此，一般不采用土壤施肥方法。为了保果，多采用叶面喷施肥料，可喷0.3%尿素加0.3%磷酸二氢钾加激素（激素浓度因种类而异），每15天左右1次，喷施2～3次便能取得良好效果，施肥量约占全年的5%左右。

③壮果肥：在这个时期，脐橙的生长发育特点是果实不断膨大，形成当年产量。抽秋梢，而秋梢又是良好的结果母枝，影响来年花量和产量。花芽分化，一般9月下旬开始，直到第二年花器形成，因各地气候不同，时间略有差异。花芽分化的质量直接影响第二年的花量和结果。因此壮果期（或果实膨大期）是脐橙施肥的又一重点时期。为了使果实大，秋梢质量好，又利于花芽分化，必须以施速效化肥为主，配合施有机肥。时间一般为7～8月上旬，施肥量约占全年的35%左右。

④采后肥：脐橙挂果时间很长，一般为6～12个月，因此，消耗水分、养分很多，采果后树势衰弱。为了恢复树势，继续促进花芽分化，充实结果母枝，提高抗寒越冬能力，为来年结果打下基础，必须采果后及时施肥。此时（11～12月），因气温下降，根系活动差，吸肥力弱，应以施有机肥为主，配合施适量化肥。时间一般为10月下旬至11月中旬。施肥量约占全年的

30％左右。除果实挂树贮藏、晚熟品种在采前施肥外，其余一般多在采后施肥，也可提早在采前施，但施氮肥会严重影响果实贮藏质量，一般贮藏 1～2 个月腐烂率高达 15％～20％。

由于各地气候、土壤、栽培方式不同，施肥期和次数也有差异。施肥次数，一般为 3～6 次，推行 3～4 次。

69. 脐橙果树所需要的肥料能混合使用吗？

答：脐橙施肥应按土壤类型和肥料特性配合施用。即大量元素和微量元素配合，有机和无机肥料配合。为了充分发挥肥效和不损失肥料，应按肥料特性合理配合施用。

(1) 大量元素和微量元素配合 由于大量元素和微量元素的生理功能相互不可代替，因此彼此不可缺少。若缺少某一种元素，就会产生营养失调，出现缺素症，影响树势、产量、品质。因此，大量元素和微量元素必须配合使用。

(2) 有机和无机肥配合施用 有机肥最好和化肥配合施用，长短结合，充分发挥肥效。同时有机肥分解产生的腐殖酸，有吸收铵、钾、镁、钙和铁等离子的能力，可减少化肥的损失。果园大量施用有机肥，可改良土壤物理性质，提高土壤肥力，改善土壤深层结构，有利根系生长，不易出现缺素症。特别是磷肥应和有机肥混合深施，使根群易于吸收，防止土壤固定或流失。植株生长旺盛季节，对营养要求高，施化肥为主，并配合施入有机肥，及时供给植株需要的养分，保证脐橙正常生长发育。

(3) 可以混合的肥料 肥料可以单施，也可混合施用。为使肥料发挥最大效果，生产上常将几种肥料混合施用，既可同时供给植株所需的几种养分，又可使几种肥料互相取长补短，或经过转化更有利于利用和提高肥效，还可减少操作次数，提高劳动效率，节省经费开支。

可以混合的肥料，是指两种以上的肥料混合后，不但养分没有损失，而且还能改善物理性质，加速养分转化，防止养分损失或减少对植株的副作用，从而提高肥效。如硫酸铵与过磷酸钙混合，其化学反应生成的磷酸二氢铵，施入土中后，遇水解离成 NH_4^+ 和 $H_2PO_4^-$，植物能同时吸收，对土壤不会产生不良影响。硫酸铵是生理酸性，过磷酸钙是化学酸性，单独施用会增加土壤酸性，对植物生长不利，二者混合施用就比分别施用好。硝酸铵和氯化钾混合施用，可改善化肥的物理性状，因混合生成的氯化铵比硝酸铵的物理性状好，可减少吸湿性，且施用方便。可以混合的肥料，见图6-1。

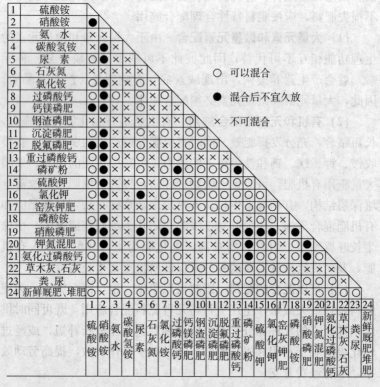

图6-1　各种肥料混合情况

(4) 可以暂时混合的肥料 可以暂时混合的肥料，是指有些肥料混合后，立即施用尚无不良影响，若长期放置，会引起养分减少或使物理性状恶化，增加施用难度。

过磷酸钙和硝态氮混合，不但会引起肥料的潮解，使物理性状恶化，而且使硝态氮渐次分解，造成氮素损失。如事先用10%～20%的磷矿粉或5%的草木灰中和过磷酸钙的游离酸，然后混合就不会引起以上的化学变化，所以这两种肥料可以暂时混合，但不能久放。

尿素和氯化钾混合后，营养成分虽没减少，但增加了吸湿性，易于结块。如尿素和氯化钾分别保存，5天吸湿为8%，而混合，在同一条件下吸湿达到36%。又如石灰氮与氯化钾，尿素与过磷酸钙混合，也会增加吸湿性。因此这种肥料混合后不宜长期放存。

为了减少硝态氮肥与其他肥料混合后的结块现象，一般可加少量的有机物，每1 000千克混合肥料中加入100千克的有机物即可。这种混合肥料应随配随用。暂时可以混合的肥料，见图6-1。

(5) 不可以混合的肥料 不可混合的肥料，主要指有些肥料混合后，会引起肥料的损失，降低肥效，或使肥料的物理性质变坏，不便施用。

铵态氮不能与碱性肥料混合，如硫酸铵、硝酸铵、碳酸氢铵、腐熟的粪尿不能和草木灰、石灰、钙镁磷肥、窑灰钾肥等碱性物质混合，以免引起氮素的损失。其化学反应式如下：

$$(NH_4)_2SO_4 + CaO \longrightarrow CaSO_4 + 2NH_3 \uparrow + H_2O$$

过磷酸钙和碱性肥料不能混合。过磷酸钙和草木灰、石灰质肥料、石灰氮、窑灰钾肥等碱性物质混合，会引起磷肥的退化，降低可溶性磷酸的含量。其化学反应式为：

$$CaH_4(PO_4)_2 + CaO \longrightarrow Ca_2H_2(PO_4)_2 + H_2O$$

水溶性磷　　　　　　微酸溶性磷

$$Ca_2H_2(PO_4)_2 + CaO \longrightarrow Ca_3(PO_4)_2 + H_2O$$

微酸溶性磷　　　　　　　　难溶磷

据有关资料介绍，水溶性磷肥与等量的钢渣磷肥（含钙碱性磷肥）混合，经 3 小时后，50% 水溶性磷退化；若与等量的氢氧化钙混合，3 小时后，94% 的水溶性磷肥退化，经 24 小时，几乎无水溶性磷酸存在；若与碳酸钙混合，磷的退化作用较缓，经 24 小时后，也有 80% 的水溶性磷变成弱酸溶性磷酸。不可混合的肥料，见图 6-1。

70. 施格兰脐橙幼龄果园怎样施肥的？

答：20 世纪末，美国施格兰公司入驻重庆市忠县，用美国的育苗技术、幼龄果园管理技术在忠县的新立镇进行了实验，现就甜橙（脐橙）幼龄果园的施肥技术简介于后。

与中国传统的施肥技术比较，凸现出如下特点：

(1) 肥料种类和施肥量　打破传统偏施氮肥的做法，保持氮、磷、钾平衡。经土壤叶片分析，推荐使用氮：磷：钾=1：1：1.5，1～3 年生树施纯氮量分别为 150、225 和 300 克，7 月之前施完全年施肥量的 2/3。肥料原则上在脐橙生长季施用，重庆地区为 2 月底或 3 月初至 10 月上旬。

(2) 施肥方法的变化　传统施肥方法是在树冠滴水线下两侧开条状沟、环状沟或放射状沟进行施肥，其特点是肥料损耗少，利用率高；但易伤根，只有部分根系能吸收到养分；用工多，施肥效率低。

(3) 施格兰的施肥方法

①撒施：即在树冠下（主干为中心 10～30 厘米范围除外）并超出滴水线以外 20～40 厘米均匀撒施肥料。其特点是施肥效率高，省人工，易操作；果树根系绝大部分都能吸收到养分；对

根系损伤少，缺点是磷、钾肥利用率低，挥发性氮肥有损耗。但只要把握好施肥时机，如雨前、雨后土壤比较湿润时施肥，即能发挥最大的肥效，减少损耗。

②滴灌施肥：施可溶性肥料，如尿素、硝酸铵时，结合抗旱进行。滴灌施肥的要领：一是只用可溶性肥料，硫酸根肥料（如硫酸钾、硫酸铵）慎用，磷肥基本不用。二是每次滴肥需要三个过程：先滴水，次滴肥，再滴水。俗称水前、肥中、水后。水前时间与控制滴灌阀门的多少成正比，滴灌流量正常后才在中间开始滴肥，滴肥后至少要有 0.5～1 小时用水冲洗管道（即水后），保证肥料全部滴在树盘上；土壤湿度过大不宜滴肥，以免积水烂根。

③淋施：干旱条件下进行，一般肥水的浓度不超过 0.5%。脐橙最适的 pH 是 5.5～6.5，过酸过碱均易造成脐橙缺素症。过碱，因微量元素的有效性差而缺素，如铁、锌、镁、锰、铜、硼、钼等的缺乏；过酸，则因微量元素的有效性过高，若雨水过多，容易淋失，特别是砂壤土也会出现上述缺素，所以必须进行微肥补充。方法可采取淋施和根外追肥。淋施螯合铁肥 EDDHA-Fe（商品名为叶绿灵或瑞恩 1 号），1～3 年生树分别用 3、5、8 克兑水 5、10、15 千克，淋施树盘（滴灌或微喷灌也可），叶面喷施螯合微肥（0.1%～0.3%的锌、镁、锰等）或 0.2%～0.3%的硫酸锌、硫酸镁、硫酸锰等效果良好，但喷施硫酸亚铁无效。

71. 脐橙怎样进行测土配方施肥？

答：测土配方施肥国际上通称平衡施肥，它是根据土壤供肥性能、果树需肥规律与肥料效应，分析果树施肥规律，对土壤做出诊断，在掌握土壤供肥和肥料释放相关变化的基础上，提出氮、磷、钾和微肥的适宜用量和比例，以及相应的施肥技术，以满足果树均衡吸收所需的各种营养，维持土壤肥力水平，减少养分流失和对环境的污染，达到高产、优质、高效的目的。

（1）脐橙测土配方施肥

①采样测土：在待测脐橙园，按 3.33～6.67 公顷为一个采样单元，并按 S 形或对角线法选择 5～20 个样点，去掉表土覆盖物，按标准深度挖成剖面，按土层均匀取土，后将采得的各点土样混匀装入布袋，写好标签待测。

测土用土壤速测仪，按操作规程配置土壤待测液，快速测定氮、磷、钾和有机质的含量。测定脐橙果树全年的配方施肥量应在秋季施肥前进行。

②确定配方：根据土壤肥力测定结果、脐橙果树全年所需肥量、需肥特点及不同肥料的利用率，确定肥料配方。

（2）脐橙的营养特点

①不同生育阶段的营养特点：脐橙在一生中经历生长、结果、衰老的不同阶段。幼树阶段以营养生长为主，主要完成根系和树冠骨架的发育、构建，以氮、磷、钾营养为主。结果期，以生殖生长为主，为丰产优质，对钾肥需求增加。盛果期易出现微量元素缺乏症。衰老期营养生长减弱，为延缓其衰退，应结合树冠更新增施氮肥，促进营养生长恢复，延长结果期。

②不同物候期的营养特点：脐橙果树年周期的发育中，前期以氮为主，中后期以钾为主，磷的吸收整个生长季较平衡。前期萌芽、开花、着果、幼果发育和生长需要大量的氮，新梢生长高峰期，也是吸收氮的高峰期，钾的需要量随果实膨大而增加。

（3）脐橙的施肥原则　应遵循以有机肥为主，有机无机相结合，主要营养元素按比例施用，适当配施微量元素营养的平衡施肥原则。

（4）脐橙的施肥量及施肥方法

①幼树（1～3 年生）：以氮肥为主，纯氮 0.18～0.3 千克，氮磷钾比例 1.0∶0.5∶0.9。施肥时期以各次梢抽生前为重点，

土壤施肥，各梢展叶转色前的叶面喷施，采用 0.3％尿素、0.3％磷酸二氢钾喷施。

②结果树：通常以产定肥。以产果 100 千克施纯氮 0.6～0.8 千克，氮、磷、钾比例以 1：0.6：0.8 测算；每 667 米² 产 2 000千克，需纯氮 20～22 千克、纯磷 12～13 千克、纯钾 16～18 千克。施肥方法，以土壤施肥为主，结合病虫害防治，一年进行 3～4 次叶面施肥。土壤施肥 3～4 次/年，即春肥、稳果肥、壮果促梢肥、采果肥。以壮肥促梢肥、采果肥为重点，分别占全年施用量的 40％和 35％，春肥和稳果肥分别占 15％和 10％。

72. 怎样选购肥料？

答：面对五花八门的肥料市场，如何货比三家，科学选购质优价宜的肥料为广大果农所关注。应注意掌握以下几点：

一是挑选商家。选有合法证明、信誉好、有固定经营市场的商家，不要选流动的小商贩或流动推销商。

二是调查包装。选化肥的同时，调查：包装袋封口、产品的注册商标、有效成分、三要素比例、执行的标准代号、生产许可证、登记证号、生产厂家名称、地址及产品质量说明书等。购买优质肥料包装上字迹清晰，封口整齐无折痕，如正规厂家生产的优质复合肥的包装通常是双层膜的肥料。购买印"注册"或带有标志图样的肥料，不要购买带有夸大宣传性质的肥料。

三是严把质量。根据不同化肥的性状，严把质量关。

复混肥：外观上优质的复混肥表面比较光滑，颗粒大小均匀，而假伪复混肥则表面粗糙、无光泽。还可用简单方法——灼烧识别真假。在烧红的铁板或木炭上复混肥能溶化，发泡发烟，放出少量氨味，且颗粒变小，氮素越多熔化越快，浓度越高残留越少，而假冒复混肥高温灼烧后基本无变化。

氮肥：尿素优质的手感光滑松散，无潮湿感觉的白色无味半透明颗粒，粒径一般为2～3毫米（也有淡黄色的）。若发现尿素包装袋内结块且有较强的挥发氨味，则可判认是掺碳酸氢铵的劣质尿素。

为了确保选购的肥料货真价实，请选购后不忘索要购买凭证，其正规的发票是维护消费者合法权益的重要依据，索要并妥为保存。保留所购化肥样品，尤其是购批量肥料时，更应取留一袋，贮存于通风干燥阴凉之地，避免潮湿和阳光直射使肥料变质。另外还要注意钾肥的含量，钾肥价高，含量不够，很不经济。

73. 脐橙果园怎样使用除草剂？

答：地处南方的脐橙果园，因其热量丰富，雨量充沛，杂草繁殖生长速度惊人，常与脐橙果树争肥争水，甚至争光。传统的灭草常用人工，但随农村劳力转向城市，工价攀升，不少果农改人工锄草为除草剂灭草。如何选择和正确使用除草剂是脐橙果园除草成功之关键。

脐橙果园可使用的除草剂有草甘膦、百草枯、茅草枯、西玛津、阿特拉津等。草甘膦又叫农达、隆达、镇草宁、灵达、甘氨膦、春多多、磷酸甘氨膦、可灵达、农旺。百草枯又叫克芜踪、对草快、草无松、巴拉刈。茅草枯又叫得拉本、二氯丙酸、达拉朋。西玛津又叫西玛净、灭草净、西玛嗪。阿特拉津又叫莠去尽、莠去津、草脱尽、园保净、滋杀遍。

现简介草甘膦、百草枯和西玛津的特点及使用方法。

（1）草甘膦 内吸传导型广谱灭生性除草剂。植物的绿色部分均能很好地吸收，以叶片吸收为主。施药后药剂从韧皮部很快传导，24小时内大部分转移到地下根和地下茎。施药后植物中毒症状表现较慢，1年生杂草一般经3～5天开始出现反应，15天后全部死亡；多年生杂草在施药后3～7天地上部分叶片逐渐枯黄，继而变褐，最后倒伏，地下部分腐烂。20～30天地上部分基本干枯。具有杀草广谱性。百合科和豆科的一些植物对本剂抗药性强。对于1年生杂草，用药量为0.12～0.2千克/667米^2；对于多年生杂草，如车前子，用药量为0.08～0.1千克/667米^2；对于多年生杂草恶性杂草，如芦苇、冰草等，其用药量为0.12～0.2千克/667米^2。对水量300～450千克，在杂草生长旺盛期喷雾，不能土施。

草甘膦喷雾应注意：药液不能触及或飘移到脐橙果树的叶、芽、嫩梢等幼嫩部分，喷药后6～8小时遇雨重喷。喷药时适当加入硫酸铵与表面活性剂，可增强除草效果。草甘膦水剂对金属有腐蚀性，贮存与使用时尽量用塑料容器。

(2) 百草枯　速效触杀型灭生性除草剂。叶片着药后2～3小时开始受害变色。对单、双子叶植物的绿色组织均有很快的破坏作用，但不能传导。克芜踪不能穿透栓质化后的树皮，药剂一经与土壤接触即钝化失效，无残留。能防除多种杂草，对1～2年生杂草防除效果最好，对多年生杂草只能杀死绿色部分，而不能杀死地下部分。杂草幼小时用药量低，成株期用药量高。一般每667米^{2}用量250～300毫升（20%百草枯），对地面定向喷雾。

百草枯在气温高、阳光充足时有利于药效的发挥。不能将药液雾滴到枝叶、芽等绿色部分。施药后30分钟内遇水对药效基本无影响。

(3) 西玛津　选择性内吸传导土壤型土壤处理除草剂。药剂被杂草根系吸收后，抑制其光合作用，使杂草死亡。对植物根系无毒性，对种子发芽基本无影响，只是在种子内部养分耗尽后幼苗才死亡。一般施药后7天杂草出现受害症状。可用于防除1年生杂草和种子繁殖的多年生杂草，在1年生杂草中防治阔叶杂草的药效高于禾本科杂草。杂草出土前、萌发盛期效果好。脐橙果园多在春季田间萌发高峰时期用药。

　　注意事项：西玛津的残效对某些作物的生长有不良影响，特别是干旱少雨或用药量大时，虽然隔年，有时仍对敏感作物有药害，如小麦、大麦、棉花、大豆、十字花科蔬菜等。土壤水分充足、墒情好时有利于发挥药效。

74. 脐橙怎样进行水分管理？

　　答：水是脐橙果树最基本的组成成分，是其生命活动不可缺少的物质。土壤中的所有营养物质，只有在水的参与下才能被脐橙根系吸收利用。脐橙园土壤的水分状况，与树体生长发育、果实产量、品质优劣有直接关系。水分充足时，脐橙营养生长旺盛，产量高，品质优良。土壤缺水时，脐橙新梢生长缓慢或停止，严重缺水时，造成落果和减产。但土壤水分过多，尤其是低洼地的脐橙园，雨季易出现果园积水，根系缺氧进行无氧呼吸，致使根系受害，并出现黑根烂根现象。因此，加强土壤水分管理，是促进树体健壮生长和高产、稳产、优质的重要措施。水分管理包括灌水和排水等内容。

　　（1）灌水时期

　　①萌芽开花前灌水：早春脐橙萌芽、抽梢、开花和坐果，需水量较多，水分充足与否，直接影响到当年产量的高低。尤其是早春干旱地区，及时浇水特别重要。因此，在花芽膨大时及时灌水，有利于脐橙的萌芽、开花和新梢生长，并可提高坐果率。

　　②新梢生长和幼果膨大期灌水：果实迅速膨大和新梢生长期，对水分的需求量很大，缺水会抑制新梢生长，影响果实发育，甚至造成大量落果，因此，干旱时应及时灌溉。但要防止灌水过量，以免导致营养生长过旺，而加重落果。特别是初果期幼龄树，灌水过量的后果更为严重。所以，灌水时要根据具体情况，适当地掌握灌水量。

　　③果实迅速膨大期灌水：此时正值秋季干旱，气温偏高，及

时灌水有利于果实膨大，提高产量。但是，灌水也不能过多，以免影响果实品质，降低果实耐贮性。

④果实采收后灌水：果实中富含水分。采果后，树体因果实带走大量的水分，而出现水分亏缺现象，再加上天气干旱，因而对水分的需求更加迫切。此时，结合施基肥及时灌水，可促进根系吸收作用和叶片的光合效能，增加树体的养分积累，有利于恢复树势，提高花芽分化质量，为树体安全越冬和下一年丰产打好基础。

（2）灌水量　诊断脐橙是否缺水的方法有以下两种。

①测定蒸腾量：因叶片蒸腾量和根系吸水量大体一致。在干旱季节，用尼龙袋套住一定量的叶片，收集蒸腾水量，再和正常情况比较，如蒸腾量为 1.0 克，干旱季节套同一小枝 10 片叶，12 小时后取下，称得水的蒸腾量为 0.5 克，恰好比正常情况下降一半，即应灌溉。

②测定土壤水分：脐橙对土壤水分有一最适宜范围。土壤最大含水量称上限，最低含水量称下限，上、下限之间的含水量，称土壤有效持水量。灌溉适宜期就是土壤有效水分消耗一半的时候，有效水分量的一半正好是田间持水量 60% 的含水量，所以土壤含水量下降到田间持水量的 60% 时，就是灌溉的适宜期。

脐橙植株是否需要灌溉，还可用简单的目测方法，即凭眼睛看。在阴天叶片出现卷曲，表明土壤已较干燥，需要灌溉。高温干旱天气，卷曲的叶片在傍晚不能恢复正常，说明土壤已较干燥，应立即灌溉。

③测定灌溉水量：脐橙园一次灌溉定额，可按下式计算：

灌水量（毫米）＝1/100（田间持水量－灌水前土壤含水量）×土壤容量（克/厘米^3）×根系深度（毫米）

上面提到灌水前土壤含水量是 60% 的田间持水量时为灌水适宜期，所以上式可简化成：灌水量（毫米）＝1/100×0.4×田间持水量×土壤容重（克/厘米^3）×根系深度（毫米）

式中灌水量（毫米）×2/3可以换算成每667米^{2}灌水立方米数。

从上式看出，不同土壤类型和不同根系分布深度，就有不同的灌水定额。对某一脐橙园，灌水前必须测定土壤的田间持水量、土壤容量和脐橙根系密集层的深度，在一定时间内测一次即可。灌水定额的计算举例如下：

例：测得重黏土土壤容重为1.4克/厘米^3，田间持水量为35%，根系深度为200毫米，问每667米^{2}脐橙园需灌多少水？若以单株计，则每株脐橙需灌多少水？

$$灌水量=\frac{0.4\times35\times1.4\times200}{100}=39.2（毫米）$$

每667米^{2}灌水量=39.2×2/3=26.13（米^3）

1米^{3}水重1 000千克，26.13米^{3}水即重26 130千克，按每667米^{2}有脐橙56株计，则每株需灌水26 130÷56=466.6千克。

答：每667米^{2}脐橙园需灌水26.13米^3，即26.13吨，或每株脐橙灌水466.6千克。

（3）及时排水

①平地脐橙园：河谷、水田、江边等地块，地势低平，建园时必须建立完整的排水系统，开筑大小沟渠。园内隔行开深沟，小沟通大沟，大沟通河流。深沟有利于降低水位和加速雨天排水，隔行深沟深度为60～80厘米，围沟深1米，每年需要进行维修，以防倒塌或淤塞。

②山地脐橙园：一般不存在涝害，只有山洪暴发，才有短暂的土壤积水过多，甚至冲毁果园台地。因此，应在脐橙园上方坡地开筑深宽1米的拦水沟，使洪水流入山洞峡谷。

75. 脐橙果园的灌溉方式有哪几种？各有什么特点？

答：**（1）浇灌**　在水源不足或幼龄脐橙园，以及零星栽植的果园，可以挑水浇灌。方法简便易行，但费时费工。为了提高抗旱效果，每50千克水加4～5勺人畜粪尿。为了防止蒸发，盖土后加草覆盖。浇水宜在早、晚时进行。

(2) 沟灌 利用自然水源或机电提水，开沟引水灌溉。这种方法适宜于平坝及丘陵台地脐橙园。沿树冠滴水线开环状沟，在果树行间开一大沟，水从大沟流入环沟，逐株浸灌。台地可用背沟输水，灌后应适时覆土或松土，以减少地面蒸发。

(3) 喷灌 利用专门设施，将水送到脐橙园，喷到空中散成小雨滴，然后均匀地落下来，达到供水的目的。喷灌的优点是省工省水，不破坏土壤团粒结构，增产幅度大，不受地形限制。

喷灌的形式有3种：即固定式、半固定式和移动式，都可用作脐橙园喷灌。喷灌抗旱时，强度不宜过大，不能超过脐橙园土壤的水分渗吸速度，否则会造成水的径流损失和土壤流失。在背靠高山，上有水源可以利用的脐橙园，采用自压喷灌，可以大大节省投资及设备运行费。

(4) 滴灌、微喷灌 滴灌又称滴水灌溉，滴头换成微喷头即为微喷灌。利用低压管道系统，使灌溉水成滴地、缓慢地、经常不断地湿润根系的一种供水技术。

滴灌的优点是省水，可有效防止表面蒸发和深层渗漏，不破坏土壤结构，节约能源，省工，增产效果好。尤其以保水差的砂土效果更好。滴灌更适合水源小，地势稍有起伏的丘陵山地。

使用滴灌时，应在管道的首部安装过滤装置，或建立沉淀池，以免杂质堵塞管道。在山坡地为达到均匀滴水的目的，毛细管一定要沿等高线铺设。现将现代节水灌溉系统的组成、主要技术参数和使用注意事项简介于后。

现代节水灌溉系统由水泵、过滤系统、网管系统、施肥设备、网管安全保护设备、计算机系统、电磁阀和控制线、滴头与微喷头以及附属设施等组成。

水泵数量和分级扬程：根据水源分布、脐橙果园的面积相对高差与地形、地貌来确定和设置。一般单个系统控制面积为33.33公顷以下。

过滤系统：通常分设3级，第一级为30目自动冲洗阀网式过滤器，第二级为自动反冲洗沙石过滤器，第三级为200目自动冲洗网式过滤器。经过3级过滤，可充分滤除水中的杂质。

网管系统：由干管、支管和毛细管组成。干管为输水主管道；支管连接干管将水送到各片区和小区；毛细管系统树下铺设的小管道；滴头和微喷头安插在毛细管上，将水送到根系区。

施肥设备：需具备流量控制和可编程序功能。

网管安全保护设备：首部需要设置能自动泄压、进气和排气的三功能阀。干管和支管在适度处设置自动进气、排气阀，并在适宜的位置安装大型调压阀，以消除地形落差引起的过高压力。在电磁阀和某些支管和适当位置，安装小型调压阀。

计算机系统：每套控制面积为133.33公顷以上。它应自带灌溉程序、可编程序，具有中文界面，并且有温度传感器、湿度传感器和自动气象站的配套设备。

电磁阀：最大流量为40米^3/小时，能承受的压力在1.3兆帕以上，控制方式为线控。

滴头和微喷头：全为压力补偿滴头或压力补偿微喷头，能使各滴头和微喷头在一定压力范围内的出水量大致相同。

自动节水灌溉系统的附属设施：包括逆止阀、防波涌阀、水控蝶阀、水表和机房等。

自动节水灌溉系统的主要技术参数如下：

滴灌：灌水周期1天；最大允许灌水时间20小时/天；毛细管数每行树1根；滴头间距0.75米，随树龄增大滴头每树可由1个增加至4个；滴头流量≥3千克/小时，土壤湿润比≥30%，工程适用率90%以上；灌溉水利用系数90%以上，灌溉均匀系数90%以上；最大灌溉量4毫米/天。

微喷：灌溉周期1天；毛细管数每行树1根，每株树1个微

喷头，最好为调式喷头；喷头流量≥3千克/分，土壤湿润比
≥50％；工程适用90％以上；灌溉水利用系数95％以上，灌溉
均匀系统数95％以上；最大灌水量5毫米/天。

　　国务院三峡工程建设委员会办公室2003、2005年在三峡库
区所建的4 000公顷柑橘（脐橙）示范园中，大多采用了国内外
先进的滴灌灌溉技术。为使滴灌正常运转使用，必须注意以下几
点：一是安装滴灌的山地果园，坡度＜25°，地形不宜切割复杂。
不然会加大成本，且使用也困难。二是认真培训技术力量，掌握
使用滴灌技术和简单的维修技术。三是园区的滴灌设施要统一管
理，专人使用。四是果农（移民）要自觉维护滴灌设施，使之需
用时能用。

七、脐橙整形修剪

76. 脐橙整形修剪有何作用？与落叶果树有何不同？

答：整形即修整树形，造就合理的树形和树体结构，使树体能很好地利用空间，充分利用光能。修剪是通过采用剪枝、剪梢、摘心、弯枝、扭梢、抹芽放梢、环割、撑、拉、吊和断根等手段，来调节脐橙果树的营养生长与生殖生长，以达到早结果、丰产、稳产、优质、高效的目的。

整形与修剪是互相依赖，不可分割的整体。要培养理想的丰产、稳产树形，需要通过修剪和对枝梢的控制才能实现。

整形与修剪又有其独立性和灵活性。整形要根据脐橙果树的特性，因势利导，培养成合理的树形；修剪时，既要考虑树形的需要，但又不拘于树形的限制，而应根据每一植株的实际情况，灵活修剪，即"无形不行，有形不死"。

脐橙是常绿果树（用作砧木的枳冬季落叶），与落叶果树的不同之处在于：一是脐橙的叶片既是有机养分的制造厂，又是贮藏库，到了冬季大量的矿质元素与有机养分仍留在叶片中。因此，脐橙的整形修剪都会或多或少地损失树体养分。二是脐橙芽在外观上难于区别花芽、营养芽（叶芽）或混合芽。因此，修剪时下剪不易，容易失误。三是在幼树阶段，以不进行整形修剪的产量高，因此，长期以来只剪枯枝、病虫枝，导致树形混乱，给修剪造成困难，影响以后的丰产、稳产。

77. 脐橙有哪些整形修剪的方法？各有什么作用？

答：脐橙的整形修剪方法有短剪（截）、疏剪、回缩、抹芽放梢、摘心、缓放、环割和撑枝、拉枝、吊支、缚枝等。

(1) 短剪（截、切） 短剪又称短截、短切，即剪去1年生枝的一部分的修剪方法（多年生枝也有短截的）。短剪的目的是刺激剪口下的芽萌发，以抽生健壮的新梢，使树体生长健壮，结果正常。

(2) 疏剪 疏剪又称疏删或删疏，是指从枝条基部剪除的修剪方法。疏剪可刺激留下的枝梢加粗、加长生长，改善通风透光的条件，增强光合作用，有利花芽分化，提高坐果率和增进品质的作用。疏剪一般剪去干枯枝、病虫枝、过密枝、交叉枝、衰弱枝和不能利用的徒长枝等，对密生的丛生枝一般采取去弱留强。

短剪（短截）、疏剪见示意图7-1。

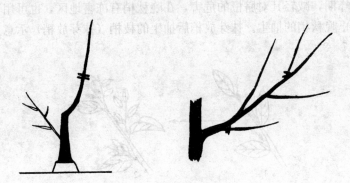

图7-1 短剪疏剪示意图

(3) 回缩 回缩是从分枝处剪除多年生枝。回缩常用于大枝顶端衰退或树冠外密内空的成年树或衰老树，以更新树冠大枝。通过回缩，达到改善树冠内部光照，增强树势的目的。多年生枝的短截与回缩见图7-2。

（4）抹芽放梢 抹芽在夏、秋梢长至1～2厘米时进行，将不需要的嫩芽抹除称抹芽。抹芽的作用是节省养分，改善光照条件，提高坐果率，或有利于枝梢整齐抽生而便于病虫害的防治，尤其是潜叶蛾的防治。

放梢，即经多次抹芽后不再抹芽，让众多的芽同时抽发，称放梢。抹芽要反复抹芽多次，直到要求放梢的时间停止。抹芽放梢对脐橙结果树常用于去除夏梢，以避免夏梢与

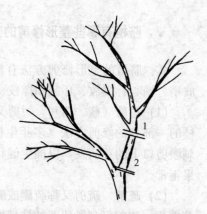

图7-2 多年生枝的短截与回缩

1. 从分枝以上保留一段，剪去多年生枝，称多年生枝的短截 2. 从有分枝处剪去多年生枝，称回缩

幼果争夺养分而出现的大量落果；抹芽放梢也用于避开潜叶蛾的高峰期，减轻其对脐橙的危害，在晚秋梢有冻害地区，也可用于防止晚秋梢的抽生。抹芽放梢后抽生的枝梢（抹芽放梢）示意见图7-3。

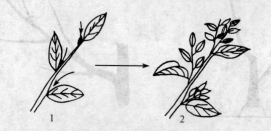

图7-3 抹芽放梢后抽生的枝梢（抹芽放梢）示意图

1. 抹芽 2. 放梢抽生的梢

（5）摘心 当新梢长到一定长度，未木质化以前，用手摘去嫩梢顶部称摘心。摘心的目的因时期不同而异。如7月上旬对脐橙幼树的夏梢主枝延长枝和旺长枝、徒长枝摘心，是为了促进分

枝抽发，增加分枝级数，加速树冠的形成。10月初对长梢摘心是为了促进枝梢充实，有利于花芽分化。摘心也是一种短剪，有利于枝梢加粗生长和营养积累，使枝梢生长充实，摘心见图7-4。

(6) 缓放 对脐橙1年生枝不加任何修剪，任其生长，直至最后开花结果称缓放。脐橙是以1年生枝作为主要的结果母枝，且花芽都在枝梢先

摘心

图7-4 摘心示意图

端，因此，春季对无特殊用途的枝条一般不短剪，让其开花结果。

(7) 环割 将枝干的韧皮部用锋利的小刀割断，深达木质部，但不伤及木质部称环割。其作用是阻碍韧皮部的输导作用，阻止养分向下输送，以增加环割以上部位碳水化合物的积累。环割的时间：红橘砧脐橙一般生长旺盛，进入开花结果期迟，9月中旬环割有利于促进花芽分化和提早结果。5月份环割有利于提高坐果率。环割宜在直立强旺枝、小枝、侧枝基部表皮光滑处进行，用环割刀环割1~2圈，圈与圈之间的距离2~3厘米，以割断皮层，深达木质部，但不伤及木质部为准。过深会导致水分运输受阻，落叶枯枝；过浅则伤口易愈合，达不到环割应有的效果。环割不宜在衰弱树、稳产树、3年生以下生长不旺的小树或病树上进行。

(8) 撑枝、拉枝、吊枝、缚枝 撑枝、拉枝、吊枝和缚枝等都是整形修剪的辅助性措施，常在固定枝体、改变枝梢生长方向和加大枝梢角度时采用。撑、拉、吊枝具有加大分枝角度，减缓生长势，改善光照条件，促进花芽分化的作用；缚枝的主要目的是培养枝干，具有恢复顶端优势，促进生长的作用。撑枝、拉枝、吊枝和缚枝的方法见图7-5。

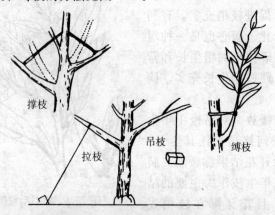

图7-5　撑枝、拉枝、吊枝和缚枝

(9) 曲枝、圈枝　曲枝又称弯枝。曲枝和圈枝都是改变枝梢生长方向、抑制顶端优势和缓和枝梢生长势的方法。将直立或开张角度小的枝梢引向水平或下垂的方向称曲枝，将长枝圈成圈的称圈枝。

(10) 扭梢、揉梢　扭梢是将旺梢向下扭曲，或将旺梢基部旋转扭伤。扭梢是扭伤木质部和皮层，有时扭伤后改变枝的方向。

揉梢是用手对旺梢从基部至顶部揉一揉，只伤形成层，不伤木质部。扭梢、揉梢分别见图7-6、图7-7。

扭梢和揉梢都是扭伤枝梢，其作用是阻碍养分运输，缓和生长，积累养分，提高萌芽率，促进花芽形成，提高坐果率。

扭梢、揉梢全年可进行，但以春季、夏季、秋季脐橙生长季进行为宜。寒冬或干旱、高温季节不宜扭梢、揉梢。不同时期扭梢、揉梢的作用和效果不一样，春季可保花保果，夏季可促发早秋梢，缓和营养生长，促进开花结果；秋季可削弱植株营养生长，积累养分，促进花芽分化，有利翌年的丰产。

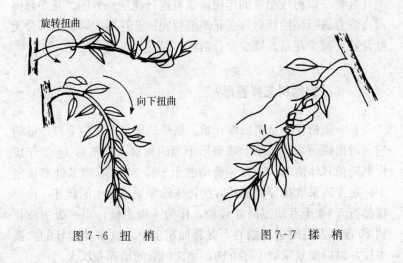

图7-6 扭 梢　　　图7-7 揉 梢

78. 脐橙何时修剪为宜？

答：脐橙不同的种植区，修剪的时期也有异。无冻害地区可在果实采后结合果园清园进行修剪；有冻害危险的地区，宜在春季解冻至春梢萌动前进行。

脐橙通常分冬春修剪、夏季修剪，少数有进行花期修剪的。

(1) 冬春修剪　冬春修剪是指采果后直至春梢萌发前进行的修剪。冬春修剪可调节树体养分分配，恢复树势，协调营养生长与结果的比例，使翌年抽生春梢健壮，花器发育充实。需要更新的老树、弱树，也可在春季枝梢萌芽前回缩修剪，将衰老枝及时剪除，对衰弱枝进行处理，以减少养分消耗和改善光照条件。

(2) 夏季修剪　对幼龄脐橙树的主要目的是整形；对成年结果树主要目的是控制枝梢生长势，促进果实生长发育。夏季修剪一般以抹芽、摘心和短剪为主，以减少养分的消耗和提高坐果率。

此外，由于脐橙花量大，为了弥补其枝梢不足，减少养分的消耗起到"以剪代肥"的作用，也有进行花期修剪的。花期修剪可在晚春进行辅助修剪，在花期前剪完。开花后，可疏去部分无叶花枝，减少花量，减少养分消耗，以达保果的目的。

79. 脐橙幼树怎样整形？

答：脐橙整形从苗圃即开始。脐橙幼树是指定植至投产前的树。对出圃前未进行整形或整形不当的植株，定植后1～2年应根据树苗具体情况，在春芽萌动前于干高30～35厘米处剪顶定干。定干后采取抹芽控梢的方法，抹除零星早抽生的新芽，待每株都有3～4个芽萌发时才放梢，作为一级主枝；当一级主枝长到20厘米左右时进行摘心，促其加粗生长，以培养健壮的二级主枝，以后反复采取上述方法，加速树冠的培养和扩大。

对于苗圃已成形而直立的脐橙苗，为削弱脐橙的顶端优势，宜人为地采取拉枝整形。具体方法：定植第一年，在发芽前拉线整形，用长1米的小竹竿插在主干一侧，将主干缚在小竹竿上，使幼树保持直立，再用塑料绳将主枝或侧枝向四方拉开，塑料绳的另一头系上小竹竿插入土中，使主枝和主干成45°～50°角，待脐橙开张角定形后再去掉所拉塑料绳。

脐橙萌芽率高，成枝力强，易呈簇状生长，故在拉线整形的同时，要注意骨干枝的培养，抹芽疏剪，统一放梢，使梢抽发整齐。

脐橙常用的树形是自然圆头形，见图7-8。现简要介绍其整形方法。

(1) 定干、留枝　30～35厘米剪顶定干，剪顶后剪口芽以下10～15厘米为整形带，整形带以下即为主干，以后主干上萌发的枝、芽及

图7-8　自然圆头形

时抹除，保持主干有25～35厘米高度，以促发分枝。当分枝长
4～6厘米时，选留方位适当、分布均匀、长势健壮的4～5个分
枝作主枝，其余的抹除，且在光照好的情况下尽量保留枝叶，扩
大树冠。5月下旬在分枝长10～15厘米时进行第二次剪顶，促
发秋梢，每枝3～4条。如在定干时未达剪干高度的苗，也可在
距地面15厘米处剪去顶端衰弱部分，促发顶端新梢，选留1条
待老熟后再离地面30～35厘米处剪顶，定干后再按上述方法整
形。脐橙幼树整形见图7-9。

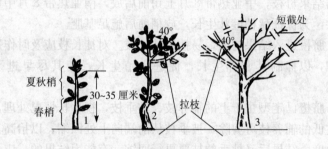

图7-9　脐橙幼树整形示意图
1. 第一年整形　2. 第二年整形　3. 第三年整形

　　对树形歪，主枝方位不当，甚至角度过小的主枝，采取撑、
拉、吊等方法加大主枝与主干间的角度和使主枝分布均匀。

　　(2) 抹芽放梢　脐橙萌芽发枝力强，所以在生产上常用抹1
芽促多梢的方法来培养树冠。通常，在中亚热带脐橙产区，对
1～2年生树以放春、夏、秋梢3次梢为好。放梢坚持"去零留
整"或"去早留齐"，弱树早放，强树缓放，中、下部早放，先
端后放的原则。此外，放梢时，对半边强、半边弱的树，先放弱
的一方，少留新梢；对强的一方，再抹1～2次芽，迟放3～4
天，并多留新梢。放梢后待梢长2～3厘米时，要及时疏梢调整，
每条梢上，春、夏、秋3次梢以选留3～4条为宜。为使树势均
匀，留梢注意强枝多留，弱枝少留。通常春梢在10～15厘米、
夏梢在15～20厘米时摘心，促使枝梢健壮。秋梢一般不摘心，

仅对过长的枝作短剪处理。

80. 脐橙初结果树怎样修剪?

答：对3～4年生的脐橙树整形修剪的目的是：一方面促其适量开花结果；另一方面又要扩大树冠，增加枝梢、叶片，使之尽快进入丰产期。此时，修剪应结合肥水管理，促春梢，抹夏梢，攻秋梢。抹夏梢3～5天1次，直到放秋梢时止。秋梢是良好的结果母枝，中亚热带8月上旬前后放，南亚热带8月中旬前后放，为保证秋梢健壮生长，放梢前后施足基肥。

脐橙进入结果初期，易抽生徒长枝。对徒长枝应及时作短截处理，以抑制其营养生长，促进生殖生长，使其尽早进入盛果期。

脐橙已定型主干上的辅养枝、披垂枝，视生长情况处理，部位过低的辅养枝可剪除，披垂枝从前端向上处回缩，以抬高其生长角度，结果后又披垂的枝要再行回缩。有能力结果的，应予以保留。

脐橙结果后的枝组，母枝或落果枝，应短剪（截）1/3～2/3。强枝短剪，弱枝重短剪或疏删，以利抽发健壮的春梢，其强枝能抽发夏秋梢，第二年可开花结果，结果后再行短剪，使枝组得到轮换更新，达到丰产稳产的目的。

对生长弱、无结果能力的结果枝应剪除，强壮的保留或短剪。果梗枝结果后，一般应剪除，使翌年抽生强壮的枝梢，继续抽发夏、秋梢，成为良好的结果母枝。结果枝群修剪见图7-10。

81. 脐橙结果树怎样修剪?

答：脐橙植株由初结果进入结果较多以后，仍需要继续扩大

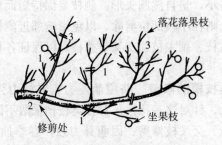

图 7-10　结果枝群修剪示意图
1. 结果枝群较壮时，剪去衰退部分
2. 结果枝群较弱时，缩剪全部衰退部分　3. 剪口枝短剪延长枝

树冠。此时，除完成整形外，应通过修剪使结果量不断增加。修剪采用适当疏删密枝，控制旺长枝，短截延长枝。以后随结果量增加，脐橙进入盛果期，则应促中有控、控中有促，即既促又控，且及时更新枝组，保持营养生长和生殖生长的平衡，以使盛果期尽可能地延长。

　　成年脐橙树修剪常采用短、疏、缩相结合的方法，根据控上促下、控外促内的原则，使枝梢分布合理，上下不重叠，左右不拥挤，结构紧凑，通风透光。

　　脐橙进入盛果期后，树冠向外生长逐渐减弱，根系也开始交叉，此时，若管理跟不上，营养不良，极易出现树冠内部光秃，叶幕层变薄，结果部位外移，形成表面结果使产量锐减。所以，除加强土肥水管理外，修剪上以调节营养生长与殖生长的矛盾为重点，采取"一开、二疏、三回缩"的方法，以疏删、短剪、回缩和重剪相结合，对树冠开天窗，疏去密生枝、交叉枝、重叠枝、病虫枝，对衰老骨干枝有计划地作回缩更新，使树冠外围稀疏，内膛饱满，通风透光，立体结果，继续丰产稳产。

　　(1) 继续整形造冠　为使脐橙植株间和树体有充足的空间、光照及生长与结果的平衡，保持立体结果，必须使树冠上部稀、外围疏，内膛饱满，不互相遮荫，通风透光，层次分明，冠面凹凸，上大下略小，呈自然圆头形。侧枝要保持短而整齐，较强又突出的侧枝，则在小枝部位剪除，以免影响邻近侧枝的生长，且要短截相邻主枝、副主枝、交叉重叠枝，以保证各枝间有足够的空间。

(2) 各类枝梢的修剪 脐橙萌发力、成枝力强，但枝梢纤细，坐果率低。针对这一特性，对各类枝梢采取不同的修剪。

①密生枝、交叉枝修剪：因萌芽力强，春季抽生的弱枝多，春梢长度大多为 5～6 厘米，在母枝顶端丛状着生。这些短枝梢开花量大，但大部分不能坐果而成为落花落果枝。为控制花量，减少养分损失，提高坐果率高的有叶花枝比例，宜在早春修剪时疏除纤弱枝、密生枝、重叠枝和病虫枝等。常采取留空去密、留强去弱、留下剪上、留斜去直的方法。对密生枝按"三留二"、"五留三"的方法去弱留强，尽量保留 5 厘米以上的枝梢以及直径 0.3 厘米左右的粗春梢和早秋梢结果母枝。

②下垂枝修剪：由于脐橙下部的枝梢具有较好的结果能力，且其叶片制造的营养物质又主要供根系生长，故一般应尽量保留。但对结果负重逐渐下坠甚至触地的枝梢，为管理方便，不使果实的品质下降，对下垂枝可采取相应的措施：对荫蔽的下垂枝或无抽枝结果能力的下垂枝从基部剪除，对生长较好的下垂枝可留骑马枝，逐年回缩，使枝位抬高，保持与地面有一定的距离（结果后不触及地面）。下垂枝修剪示意图见图 7-11。

③保留内膛枝：对于脐橙内膛着生的枝条，除过密、无叶枝及病虫为害严重的枝梢剪除以外，其他枝即使是短小的营养枝也应保留，短小枝也具有良好的结果性能，且内膛枝坐果率高，又不易日灼和裂果。

④徒长枝修剪：徒长枝组织不充实又消耗养分，一般应尽早从基部去除，以防止扰乱树形。但对发生在树冠空缺处的徒长枝，可加以利用，当长至 25 厘米左右时摘心，促其分枝，形成新的枝组。

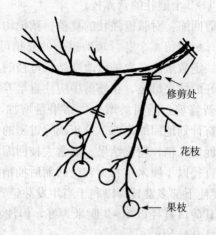

图 7 - 11 下垂枝修剪示意图

⑤结果枝及结果母枝的修剪：结果枝和结果母枝的选留，根据结果后的情况而定。对结果后衰弱的结果母枝，可以从基部剪除，如同时抽生营养枝，则可留营养枝剪去结果枝。夏秋长梢结果母枝修剪见图 7 - 12。

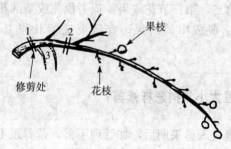

图 7 - 12 夏秋长梢结果母枝修剪示意图
1. 长梢结果母枝较弱时，冬季修剪先端衰退部分
2. 全树结果过多时，夏秋修剪短剪处 3. 夏季短剪后，隐芽萌发的秋梢

若结果母枝为二、三次梢，则可剪去顶端 1/3～1/2，以免形成过长光秃的枝组。如结果枝是无叶结果枝，则采果后从基部剪除，有叶结果枝生长健壮的，可作适当短剪，以减少芽数，使

其在翌年抽发 1～2 个健壮的营养枝。

⑥强枝短剪回缩：对脐橙强壮的夏梢、秋梢均可短剪。通常长梢留 5 个芽，短梢留 4 个芽。短剪过长的夏梢可促发二次梢。通过修剪促发一定数量的二次梢可改变结果母枝的比例。脐橙的二次梢也是良好的结果母枝，在修剪中应注意培养。

⑦大枝更新修剪：随树龄增大，结果量增加，树冠相接交叉，对大枝要有计划地回缩修剪，分年疏除过密的骨干枝，以改善光照条件，促发壮梢，轮流结果。通常大枝回缩宜在春季萌芽前进行，剪口直径以 1 厘米左右为宜。回缩后抽梢时，抹除剪口芽 1～2 次，促使下部多发枝，以利于当年发芽整齐后疏梢定枝。衰退枝更新，其剪口直径以 1～2 厘米为好，但注意枝叶剪除量不得超过外围枝叶量的 1/6。

⑧抹芽控梢和疏花疏果：为避免与幼果争夺养分，引起严重落果，应抹除早期夏梢，对晚夏梢及时摘心，促发早秋梢，用作结果母枝。

脐橙花量大，现蕾后应对无叶花序枝全部疏去，对有叶花序枝，留中间第二、第三节花或果，疏去顶花或基部花，对未能及时疏去的花结成成串的幼果，宜每束选留壮果 2 个，其余的疏去。

82. 脐橙大小年树怎样修剪？

答：脐橙进入盛果期后，如管理不善，营养跟不上，易出现大小年。大小年树与丰产稳产树有不同的修剪方法。

(1) 大年树修剪　大年树修剪系指大年结果前的冬季修剪、早春修剪和夏季修剪。通常采取的措施：一是疏剪密弱枝、交叉枝和病虫枝。二是回缩衰退枝组和落花果枝组。三是疏剪树冠上部和中部郁闭大枝，使光照进入树冠内膛。四是短剪夏、秋梢母枝。因大年时能形成花芽的母枝过多，可疏除 1/3 弱母枝，短剪

1/3强母枝，留1/3中庸母枝，以减少花量，促发营养生长。由于大小年产量相差很大，可多短剪，少留开花母枝，加大花量修剪，使大年产量相对减少，小年产量相对增加。五是7月份短剪部分结果枝组和落花落果枝组，促发秋梢，增加小年结果母枝。六是第二次生理落果停止后，分期进行疏果，最终按叶果比50～55∶1留果。七是坐果稍多的大年树，可在8～9月份进行大枝环割促花，以增加小年花量。八是秋季结合施重肥进行断根或控水等，促进花芽分化。

（2）小年树的修剪　小年树的修剪系指大年树采果后的修剪。因大年结果过多，消耗养分多，梢抽生少，甚至树势衰弱，营养不良，花芽分化难，造成第二年结果少，成为小年树。对小年树的修剪最好在萌芽前至现蕾前进行。修剪采取的措施：一是尽量保留结果母枝，对夏、秋梢和内膛的弱春梢营养枝，能开花结果的均作保留。二是短剪，疏删树冠外围的衰弱枝组和结果后的夏、秋结果母枝。短剪注意选留剪口饱满芽，以更新枝群。三是开花结果后进行夏季疏剪，疏去未开花结果的衰弱枝群，使树冠通风透光，枝梢健壮，产量提高。四是采果后冬季重回缩，疏删交叉枝和衰退枝组，对树冠内膛枝也作适当的短剪复壮。

83. 脐橙衰老树怎样更新修剪？

答：当植株进入衰老时应进行更新修剪。更新修剪根据树冠衰老的程度分轮换更新、露骨更新和主枝更新。

（1）轮换更新　轮换更新又称局部更新或枝组更新，是一种较轻的更新方法，见图7-13。

如植株部分枝群衰退，尚有部分枝群有结果能力，则短截衰老的部分，在2～3年内有计划地轮换更新衰老的3～4年生侧枝，保留强壮的枝组，特别是有叶的枝尽可能保留。轮换更新的同时可保持一定的产量，且更新后产量能较快地增加。

（2）露骨更新 露骨更新又称中度更新或骨干更新，用于很少结果的衰弱树或不结果的老树，露骨更新见图7-14。

　　图7-13　轮换更新示意图　　　　图7-14　露骨更新示意图

修剪主要是删除多余的基枝、侧枝、重叠枝、副主枝和3～5年生枝组，仅保留主枝。露骨更新如加强管理，当年能恢复树冠，第二年能获一定的产量。更新时间宜在新梢萌芽前，通常在3～5月份进行为宜，有高温干旱的脐橙产区，宜在1～2月份进行。

（3）主枝更新 主枝更新又称重度更新，是更新中最重的一种，适用于严重衰老的树，主枝更新见图7-15。

具体方法可在距地面80～100厘米高处，四、五级骨干大枝上回缩，锯除全部枝叶。时间一般在春梢萌芽前。剪口要平整光滑，且要涂接蜡保护，树干用石灰水刷白，以防日灼。新芽萌发后，抹芽1～2次后放梢，疏去过密、着生位置不当的枝梢，每枝留2～3条新梢，长长后摘心，促进分　　图7-15　主枝更新示意图枝，以利重新培育树冠骨架。主枝更新的第二、第三年即可恢复结果，主枝更新也适用于计划密植园需间移的树。

84. 春季脐橙怎样进行控梢保果？

答：现代脐橙生产中，为提高脐橙果实的品质和安全性，生产高档的精品脐橙，要求尽量少用，甚至不用激素保果。因此探求新的保果技术为柑橘业内人士所关注。国内沣昌坚从叶果平衡出发，探索了在春季通过疏梢或促梢实现丰产稳产的目标。在春季根据花蕾和春梢的多少，将结果分为：花多梢少、花少梢多和花梢中等 3 种树，并在春季对花多梢少、花少梢多树进行促控。

（1）花多梢少树　这类脐橙树因花多梢少，以后会果多叶少，叶果比严重失衡，最终导致果小，树势衰弱，树体不生长，影响第二年产量。这类脐橙促发春梢的生长，进而利用春梢促发夏梢和秋梢是改变叶果比过小的关键。只要促发了春梢和夏梢就能改善叶果比例，增强树势，提高果品质量，避免出现大小年结果现象。促梢需从促发春梢开始。在花蕾基本现蕾（花蕾现绿豆色），能清楚地分辨花和梢时，则在树冠中上部的外围光照良好处，选择若干生长强健的花枝短截，并将短截剩余的花抹去让其发出春梢；若无强健花枝的可剪到花枝下一级的基枝上，剪的基枝也必须强健，同时也须将基枝上的弱枝疏去，这样才能保证发出强壮有用的春梢。短截在能清楚分辨花蕾和春梢时越早完成越好，太迟进行，因脐橙树花梢的量很大，消耗了过多的养分，从而会使剪口枝春梢的萌发和质量受到影响。剪口数量根据树冠大小和树势强弱有所不同。无梢或少梢的树，4～5 龄树 5～10 个，6～8 龄树 10～15 个，9 龄以上树在 15～30 个则可。剪口应在无或少春梢的部位及树冠中上部外围分布均匀。

此外，当花多梢少树树体较弱时须施入充足的肥料，特别是氮肥，才能保证促发强壮的春梢。可采用根际施肥或根外追肥。

(2) 花少梢多树 这类树因花少梢多，在梢生长过程中，必然消耗树体大量养分，造成严重的梢果（花）矛盾。在激烈的营养竞争中，花果始终处于劣势地位，从而因营养缺乏引起落花落果。疏去过多的春梢以减少树体营养的过度消耗，节约营养供花果发育所需，是这类脐橙树保花保果的关键所在，同时也能达到壮果的目的。因此，疏梢保果是主要手段，营养液保果是辅助手段。在疏梢中，不管花质好坏，是花都必须保留，以提高保果的成功几率。疏梢主要是对花少梢多树或花少梢多的部位进行，方法：一是在下 1～2 级分枝基部剪去无花纤弱枝序。二是母枝（去年的秋梢）同时长有花枝和无花枝的将无花枝抹除，留有花枝；母枝末端无花枝一律抹除；母枝未长有花枝的在下部留 1～2 枝弱春梢短截或将过于密集部位的无花母枝从基部剪去。三是主干、主枝及其他骨干枝上徒长性质的无花枝一律抹除。四是内膛和树冠下部萌发的无花春梢，以不影响光照和通风状态良好为度，过多过密时疏去一部分，其余尽量保留。疏梢在花蕾现白能清楚地分辨花和梢时开始到盛花期完成。在这期间越早完成越好。此类树虽然抹去春梢有利于保住花果，但也不能将无花的春梢全抹光。因抹光春梢后的基枝很快又能发出新梢，而且发生量会更大，这时又必须抹梢才能保住花。因此，可从基枝基部去除或留 1～2 枝弱枝去除，这样既能免除再次抹梢的工作，又能大量节约树体养分。

85. 脐橙怎样进行简化（易）修剪？

答：**(1) 简化（易）修剪要素** 脐橙简化（易）修剪，应掌握以下四个要素：

①地上部与地下部平衡要素："根深叶茂"，根系生长好，相对应部分的枝梢也健壮。全树根系健壮发达，整个树冠枝壮叶茂。同样剪除某一部位的枝梢，会削弱相应部位的根系，久而久

之会导致根死树毁。掌握地上、地下部平衡要素，有助修剪成功。

②营养生长与生殖生长负相关要素：营养生长旺，则生殖生长弱，营养生长弱，则生殖生长旺。营养生长与生殖生长的这种负相关要素，要求采用的修剪方法、程度能使两种生长一致，即营养生长与生殖生长平衡而达到丰产稳产。

③修剪方法与生长结果相关的要素：疏剪（删）使枝梢开张，通风透光，增强光合作用，促进花芽分化，着果良好，生殖生长旺盛。短切（截），剪除大量枝叶，光合作用减弱，花芽形成和结果不良，营养生长旺盛。因此，不同的树修剪方法应有异：营养生长旺的树以疏剪为主，生殖生长旺的树以短切为主。当然修剪方法还应考虑品种、砧木、树龄等对植株长势的影响。如幼树及以长势旺的枳橙等作砧木的脐橙，因其长势旺，尽量采用疏剪；相反，老树及用枳等矮化砧作砧木的脐橙，宜短切为主，促发新梢。

④修剪程度与生长结果相关的要素：重剪减少叶片和碳水化合物积累，氮量增加而使营养生长强，生殖生长弱，故要其多结果应轻剪，要想多抽新梢控制结果量，修剪宜重些。重剪促进营养生长，这是因为生长点减少而使新梢生长良好，但就整个植株而言，修剪越重发育越差，所以常作重剪的会使树体生长受阻。

（2）简化（易）修剪技术

①幼树不修剪：长江三峡库区和重庆等柑橘新建基地，20世纪末以来，采用从美国等国引进的卡里佐枳橙作砧木，培育的无病毒脐橙容器苗，以密度 3 米×5 米、3 米×4 米，即每 667 米^2 45 株、56 株种植。采取结果前幼树（1～3 年生），不作修剪，任其自然尽可能多长枝叶。生长实践表明，不作修剪的植株比修剪的植株树冠高大，枝叶茂盛，且结果早、丰产。仅对个别出现的枯枝、严重病虫危害枝作剪除；即使顶部的徒长枝、基部枝、下垂枝等，也留着结果后再作修剪；对长势强旺、枝梢粗壮

直立的也不动剪子,用撑、拉、吊的方法,加大分枝角度,削弱其长势。

植株进入结果后,剪除扰乱树形和严重影响通风透光的枝干,即所谓"先乱后治"的修剪方法。

②结果树的修剪:脐橙结果树有初结果期树、盛果期树和衰老结果期树之分。不同时期的结果树修剪轻重的程度不一。

初结果期树,通常营养生长强于生殖生长,修剪以疏剪为主。

盛果期树处于营养生长与生殖生长平衡时期,修剪应尽量使这一平衡时期延长,平衡时期越长,丰产稳产的时期也越长。常用更新枝组,培育结果母枝,保持营养枝和结果枝适宜比例。冬春疏剪、回缩结合,夏季抹夏梢、短切结合。脐橙多数品种生长、枝梢较弱,易丛生,花量大,着果率低,内膛结果率较高。树形较多采用自然圆头形。结果后修剪注意尽量多留枝叶,增厚树冠叶绿层,防止树干和果实日灼。疏剪多剪除纤弱枝、丛生枝、短切衰退结果枝组和落花落果枝组。树冠和树间郁闭,分别采取开"天窗"、"边窗",以改善植株通风透光。

衰老结果期树,处于营养生长越来越弱,生殖生长也随之变弱,为使其延长结果,常采取更新复壮树势。根据衰弱程度,采取轮换更新(局部更新)、骨干枝更新(中度更新)和主枝更新(重度更新)。

八、脐橙花果管理

86. 怎样进行脐橙的促花、控花？

答：脐橙的花果管理主要包括：促花控花、保花保果和疏花疏果等。

(1) 促花 脐橙是易成花、开花多的品种，但有时也会因受砧木、接穗品种、生态条件和栽培管理等的影响，而迟迟不开花或成花很少。对出现的此类现象常采用：控水、环割、扭枝、圈枝与摘心，合理施肥和药剂喷布等措施促花。

①控水：对长势旺盛或其他原因不易成花的脐橙树，采用控水促花的措施。具体方法是在 9 月下旬至 12 月份。将树盘周围的上层土壤扒开，挖土露根，使上层水平根外露，且视降雨和气温的情况露根 1~2 个月后覆土。春芽萌芽前 15~20 天，每株施尿素 200~300 克加腐熟厩肥或人畜粪肥 50~100 千克。上述控水方法仅适用于暖冬的南亚热带脐橙产区。冬季气温较低的中、北亚热带脐橙产区，可利用秋冬少雨、空气湿度低的特点，不灌水使脐橙园保持适度干旱，至中午叶片微卷及部分老叶脱落。控水时间一般 1~2 个月，气温低，时间宜短；反之，气温高，时间宜长。

②环割：将枝干的韧皮部环割 1 圈或 2 圈，深达木质部。9 月中旬环割有利于促进花芽分化。

③扭梢、圈枝与摘心：见 77 题。

④合理施肥：施肥是影响花芽分化的重要因子，进入结果期

未开花或开花不多的脐橙园，多半与施肥不当有关。脐橙花芽分化需要氮、磷、钾等营养元素，但氮过多会抑制花芽分化，尤其是大量施用尿素，导致植株生长过旺，营养生长与生殖生长失去平衡，使花芽分化受阻。氮肥缺乏也影响花芽分化。在脐橙花芽生理分化期（果实采收前后不久）施磷肥能促进花芽分化和开花，尤其对壮旺的脐橙树效果明显。钾对花芽分化影响不像氮、磷明显，轻度缺乏时，花量稍减，过量缺乏时也会严重少花。可见，合理施肥，特别是秋季 9～10 月份施肥比 11～12 月份施肥对花芽分化、促花效果明显。

⑤药剂促花：目前，多效唑（PP_{333}）是应用最广泛的脐橙促花剂。在脐橙树体内，PP_{333} 能有效抑制赤霉素的生物合成，降低树体内赤霉素的浓度，从而达到促花的目的。

PP_{333} 的使用时间在脐橙花芽开始生理分化至生理分化后 3 个月内。一般连续喷布 2～4 次，每次间隔 15～25 天，使用浓度 500～1 000 毫克/千克。近年，中国农业科学院柑橘研究所研制的 PP_{333} 多元促花剂，促花效果比单用 PP_{333} 更好。

（2）控花 脐橙花量过大，消耗树体大量养分，结果过多使果实变小，降低果品等级，且翌年开花不足而出现大小年。控花主要用修剪，也可用药剂控花。

①修剪：常在冬季修剪时，对翌年花量过大的植株，如当年的小年树、历年开花偏大的树等，修剪时剪除部分结果母枝或短截部分结果母枝，使之翌年萌发营养枝。

②药剂：用药剂控花，常在花芽生理分化期喷施 20～50 毫克/千克浓度的赤霉素 1～3 次，每次间隔 20～30 天能抑制花芽的生理分化，明显减少花量，增加有叶花枝，减少无叶花枝。还可在花芽生理分化结束后喷施赤霉素，如 1～2 月份喷施，也可减少花量。赤霉素控花效果明显，但用量较难掌握，有时会出现抑花过量而减产，用时应慎重，大面积用时应先做试验。

87. 怎样进行脐橙的保花保果？

答：脐橙花量大，落花落果严重，坐果率低。在空气相对湿度较高的地域栽培华盛顿脐橙，如不采用保果措施，常会出现"花开满树喜盈盈，遍地落果一场空"的惨景。

脐橙落果是由营养不良、内源激素失调、气温、水分、湿度等的影响和果实的生理障碍所致。

脐橙保花保果的关键是增强树势，培养健壮的树体和良好的枝组。为防止脐橙的落果，常采用春季施追肥、环剥、环割和药剂保果等措施。

(1) 春季追肥 春季脐橙处于萌芽、开花、幼果细胞旺盛分裂和新老叶片交替阶段，会消耗大量的贮藏养分；加之此时多半土温较低，根系吸收能力弱。追肥施速效肥，常施腐熟的人尿加尿素、磷酸二氢钾、硝酸钾等补充树体营养之不足。研究表明，速效氮肥土施 12 天才能运转到幼果，而叶面喷施仅需 3 小时。花期叶面喷施后，花中含氮量显著增加，幼果干物质和幼果果径明显增加，坐果率提高。用叶面施肥保花保果，常用浓度 0.3%～0.5%尿素，或浓度 0.3%尿素加 0.3%磷酸二氢钾在花期喷施，谢花后 15～20 天再喷施 1 次。

(2) 环剥、环割 花期、幼果期环剥是减少脐橙落果的一种有效方法，可阻止营养物质转运，提高幼果的营养水平。环割较环剥安全，简单易行，但韧皮部输导组织易接通、环割一次常达不到应有的效果。对主干或主枝环割 1～2 毫米宽 1 圈的方法，可取得保花保果的良好效果，且环割 1 个月左右可愈合，树势越强，愈合越快。

此外，春季抹除春梢营养枝，节省营养消耗也可有效地提高坐果率。

(3) 药剂保果 防止幼果脱落，目前使用的主要保果剂有细胞分裂素类（如人工合成的 6-苄腺嘌呤）和赤霉素。6-苄基腺嘌呤（BA）是脐橙第一次生理落果有效的防止剂，效果较赤霉素好，但 BA 对防止第二次生理落果无效。GA_3 则对第一、第二次生理落果均有良好作用。

20 世纪 90 年代初，中国农业科学院柑橘研究所研制成功的增效液化 BA＋GA_3。BA 完全溶于水，极易被脐橙果实吸收，增效液化 BA＋GA_3 保果效果显著且稳定。生产上在花期和幼果期喷施浓度为 20～40 毫克/千克的 BA＋浓度为 30 毫克/千克～70 毫克/千克的 GA_3，有良好的保果作用。

用增效液化 BA＋GA_3 涂果：时间幼果横径 0.4～0.6 厘米（约蚕豆大）时即开始涂果，最迟不能超过第二次生理落果开始时期，错过涂果时间达不到保果效果。涂果方法：先配涂液，将一支瓶装（10 毫克）的增效液化 BA＋GA_3 加普通洁净水 750克，充分搅匀配成稀释液，用毛笔或棉签蘸液均匀涂于幼果整个果面至湿润为宜，但切忌药液流滴。药液现配现涂，当日用完。增效液化 BA＋GA_3（喷布型）10 毫克/瓶，每 667 米² 用量 3～6 瓶；增效液化 BA＋GA_3（涂果型）10 毫克/瓶，每 667 米² 用量约 1 瓶。

88. 怎样防止脐橙的脐黄落果和日灼落果？

答：**（1）防止脐黄** 脐黄是脐橙果实脐部黄化脱落的病害。这种病害是病原性脐黄、虫害脐黄和生理性脐黄的综合表现。病原性脐黄由致病微生物在脐部侵染所致；虫害脐黄则由害虫引起，生产上使用杀菌剂、杀虫剂即可防止；生理性脐黄是一种与代谢有关的病害。用中国农业科学院柑橘研究所研制的脐黄抑制剂"抑黄酯"（FOWS）10 毫克/瓶，加普通干净冷水 0.3～0.35千克，充分搅匀，配成稀释液，在第二次生理落果刚开始时涂脐部，可显著减少脐黄落果。每 667 米² 用量 1～2 瓶。

此外，加强栽培管理，增强树势，增加叶幕层厚度，形成立体结果，减少树冠顶部与外部挂果，也是减少脐黄落果的有效方法。

(2) 防止日灼　日灼又称日烧，是脐橙果实开始或接近成熟时的一种生理障碍。其症状的出现是因为夏秋高温酷热和强烈日光暴晒，使果面温度达 40℃以上而出现的灼伤。开始为小褐斑，后逐渐扩大，呈现凹陷，进而果皮质地变硬，果肉木质化而失去食用价值。

防止脐橙日灼，可采取综合措施：一是深耕土壤，促使脐橙植株的根系健壮发达，以增加根系的吸收范围和能力，保持地上部与地下部生长平衡。有条件的还可覆盖树盘保墒。二是及时灌水、喷雾，不使树体发生干旱。三是树干涂白，在易发生日灼的树冠上、中部，东南侧喷施 1%～2%的熟石灰水，并在脐橙园西南侧种植防护林，以遮挡强日光和强紫外线的照射。四是日灼果发生初期可用白纸贴于日灼果患部，或用套袋的方法防止。五是防治锈壁虱，必须使用石硫合剂时，浓度以 0.2 波美度为宜，并注意不使药液在果上过多凝聚。六是喷布微肥。如喷施广西南宁坡桥技术开发公司生产的钛微肥，使用浓度为 25 毫克对 50 升水，防止效果良好。

89.　为什么脐橙会裂果？怎样防止？

答：为有效防止脐橙裂果，首先要了解其裂果的原因。脐橙裂果的发生与品种特性、气候条件、土壤水分、用肥种类和病虫危害密切相关。

日本小川胜利报道裂果的诱因：一是气候诱因。夏、秋高温干旱，果皮组织和细胞被损伤。秋季降雨或灌水，果肉组织和细胞吸水活跃，迅速膨大，而果皮组织不能同步膨大生长，导致无力保护果肉而裂果。二是果皮诱因。果实趋向成熟，果皮变薄，果肉变软，果汁中的糖分不断增加，急需水分，使膨压剧增而裂果。三是栽培诱因。施肥不当，磷含量高的果实易裂果。

据国内报道，脐橙裂果常与以下因素相关：一是着花数。大年及花多的脐橙裂果多。二是无叶花和有叶单花果裂果率高。相反，树体贮藏的碳水化合物多，花器发达，开花前后出现高温，促进纵径生长的不易裂果。三是果形指数（果实的纵横径之比，衡量果实高矮的指标）。果形指数小的（如朋娜脐橙）裂多。果形指数大的（如纽荷尔脐橙）裂果少。扁果形果梗部与赤道部（果腰）果皮厚度差异大，均一性差，不易裂果。四是囊瓣数，囊瓣多的大脐易裂果。次生果的囊瓣数越多、越发达、越易裂果。五是果实的发育。凡6月下旬果实横径迅速发育，7月下旬趋于缓慢，8月下旬至9月下旬再次急速膨大，9月下旬果汁开始急速填充汁胞，到10月下旬仍继续膨大的，果实内膨压增大，果皮易受伤而裂果。

脐橙裂果，通常8月初即开始，9月初～10月中旬是裂果盛期。且有两个高峰：第一高峰在9月中旬的果实迅速膨大期，裂果多数从果顶纵向开裂，先是脐部稍微开裂，随后沿子房缝合线开裂，可见囊瓣，严重时囊壁破裂，露出汁胞。第二高峰在10月中旬的果实着色期，多为横裂，常出在果实果皮薄、着色快的一面，最初呈现不规则裂缝状，随后裂缝扩大，囊壁破裂，露出汁胞。

脐橙裂果防止可采取以下措施：

（1）选择抗裂的脐橙品种种植 通常果脐小或闭脐，果皮较厚的品种，或芽变单株，抗裂果性较好，如纽荷尔脐橙、林娜脐橙、华盛顿脐橙和奉节脐橙等。果实较扁的品种，如朋娜脐橙、罗伯逊脐橙裂果重。

（2）加强土肥管理

①土壤管理：及时深翻改土，增施有机肥，增加土壤有机质，改善土壤理化性质，提高土壤保水力，尽力避免土壤水分的

急剧变化，可减少脐橙裂果。6 月底前进行树盘覆盖，减少水分蒸发，缓解土壤水分交替变化幅度，可以减少裂果。

②肥料管理：科学用肥。氮、磷、钾肥合理配搭，适度增加钾肥用量，控制氮肥用量，以适度增厚果皮而抗裂。一般可在壮果期株施硫酸钾 250～500 克，或叶面喷施 0.2%～0.3%磷酸二氢钾或喷施 3%草木灰浸出液，以增加果实的含钾量；酸性土壤可增施石灰，增加果实的钙含量，以利减少和防止裂果。即在 5～8 月喷施 0.2%氯化钙，开花幼果期喷 0.2%硼砂液。果实膨大期喷施浓度 800～1 000 倍农人液肥或 1 000 倍倍力钙液肥，对防止脐橙裂果均有效。

③水分管理：夏、秋干旱要及时灌溉，以保持土壤湿润，久旱未雨，要采取多次、缓慢灌水，最好用喷灌，以改善果园小气候，提高空气湿度，避免果皮过分干燥。

(3) 合理疏果 疏除多余的密集果、扁平果、畸形果、小果、病虫害危害果。提高叶果比，既可减少裂果，又能提高果品的商品等级。

(4) 及时防治病虫害 夏季高温多湿。雨水、露水常会流入脐橙脐部，若病虫害防治不及时，果皮组织易坏死而发生裂果。有调查表明：受介壳虫、锈壁虱等危害的果实，其裂果率比正常果高几倍。常在 6～7 月间用 GA₃ 200 毫克/千克＋2,4-D 100 毫克/千克＋多菌灵 500 倍液涂果实脐部，有好的防裂效果。

(5) 喷施生长调节剂 防止脐橙裂果的生长调节剂有天然芸薹素（油菜素内酯）、GA₃ 和 BA 等。在果实膨大期，用 0.15%天然芸薹素 5 000 倍液进行叶面喷施；在裂果发生期，对树冠喷施 GA₃ 20～30 毫克/千克＋0.3%尿素，每隔 7 天喷 1 次，连续 2～3 次，或用防裂剂 800～1 000 倍液喷施，10～15 天 1 次，连续 2～3 次。此外，喷施尿素 150 克＋氯化钾 100 克＋食醋 100 克＋石灰 100 克＋水 50 千克的混合液也有防裂作用。

90. 怎样进行脐橙的疏花疏果和套袋？

答：疏花疏果是脐橙克服大小年和减少因果实太小而果品等级下降的有效方法。

大年树，通过冬、春修剪增加营养枝，减少结果枝，控制花量。疏果时间在能分清正常果、畸形果、小次果的情况下越早越好，以尽量减少养分损失。通常对大年树可在春季萌芽前适当短截部分结果母枝，使其抽生营养枝，从而减少花量；对小年树则尽量保留结果母枝，使其抽生结果枝，增加花量。为保证小年能正常结果，还需结合保果。对畸形果、伤残果、病虫果、小果等应尽早摘除。在第二次生理落果结束后，大年树还需疏去部分生长正常但偏小的果实。疏果根据枝梢生长情况，叶片的多少而定。在同一生长点上有多个果时，常采用"三疏一，五疏二或五疏三"的方法。

脐橙一般在第二次生理落果结束后即可根据叶果比确定留果数，但对裂果严重的朋娜等脐橙要加大留果量。叶果比通常为50～60：1，大果型的可达60～70：1。

目前，疏果的方法主要用人工疏果。人工疏果分全株均匀疏果和局部疏果两种。全株均衡疏果是按叶果比疏去多余的果，使植株各枝组挂果均匀；局部疏果系指按大致适宜的叶果比标准，将局部枝全部疏果或仅留少量果，部分枝全部不疏，或只疏少量果，使植株轮流结果。

脐橙果实可行套袋。果实套袋可防止病虫害、鸟害对果实的危害，减轻风害损失，也可防止果锈和裂果、日灼果。经套袋的果实果面洁净，外观美，果皮柔韧，肉质细嫩，果汁多，富有弹性，商品率高。同时可减少喷药次数，减少果实受农药污染及农药残留，套袋适期在 6 月下旬至 7 月中旬（生理落果结束）。套袋前应根据当地病虫害发生的情况对脐橙全面喷药 1～2 次，喷药后及时选择正常、健壮的果实进行套袋。纸袋应选抗风吹雨淋、透气性好的脐橙专用纸袋，且以单层袋为适，采果前 15～20 天摘袋。果实套袋有糖分含量略有下降，酸含量略有提高的报道。

91. 提高脐橙品质有哪些栽培措施？

答：脐橙的品质包括外观和内质两方面，提高其品质应采取综合栽培措施。

(1) 科学土肥水管理　脐橙园土壤要求深厚、疏松，含有机质丰富，土壤 pH 最适在 5.5～6.5，园地可作生草栽培、覆盖，使夏、秋土壤水分变幅减小，有利裂果的防治。

肥料，坚持多施有机肥，特别是饼肥（豆饼肥、菜籽饼肥），有利于果实糖分含量提高，品质变优。实施"猪—沼—果"模式的脐橙产区，使用沼气（池）液肥，可使脐橙品质提高，果面光滑。多施磷、钾肥，控制氮肥也有助品质改善。

水分管理要做到及时灌排。果实膨大期要及时灌水，有利果实长大，夏、秋出现干旱，做好抗旱工作。在果实成熟前一个月前后，宜适度控水，以利于果实可溶性固形物提高，还可采取树盘覆盖，避雨栽培等措施。

(2) 及时防止病虫危害　做好病虫害的防治是脐橙优质丰产的关键之一，尤其对危害果实的溃疡病（疫区）、炭疽病、煤烟病和红蜘蛛、锈壁虱等的防治。

(3) 适时采收果实　不同的脐橙品种，成熟期有异。在果实充分成熟时采收品质最佳。根据市场需求，中、晚熟品种还可进行完熟栽培，使果实外观、内质更佳。严禁果实未成熟就采收应市，提前上市卖好价，必须以品质为前提。据报道，应用 J445（又名吲熟酯），在脐橙盛花后 3 个月，间隔 2～3 周喷 1 次，连续两次，喷施浓度为 100～200 毫克/千克的有利加速着色，但过早喷出现轻度落果。如添加 1‰ 醋酸钙并均匀喷布果实上则效果更好。也有报道在 2～4 成熟起喷常规浓度的石硫合剂 2～3 次，隔 5～10 天 1 次，可使脐橙增色。值得指出的是，果实要适度成熟，全园喷效果好，仅喷几株效果不明显。

(4) 做好裂果、脐黄、日灼的防治 脐橙的裂果、脐黄、日灼，既影响产量，又影响品质，应及时做好防治。

(5) 疏果和果实套袋 为提高脐橙果实的商品等级，按不同脐橙品种的叶果比进行疏果，有条件的还可套袋。有报道称，脐橙果实套袋后一级果比率提高，油胞细密，光滑细腻，且果面着色均匀一致，橙红至深澄。

九、脐橙灾害防止

92. 脐橙冻害的原因？怎样防止和冻后救护？

答：脐橙冻害的因素很多，国内外气象、园艺果树的专家、学者有过不少报道，加以归纳可分为两大类，即植物学因素和气象学因素。

植物学因素：包括脐橙的种类、品种、品系、砧木的耐寒性，树龄大小，肥水管理水平，植株长势，晚秋梢停止生长的迟早，结果量的多少及采果早晚，有无病虫害及为害程度，晚秋至初冬喷施药剂的种类和次数等均息息相关。

气象学因素：最主要的是低温的强度和低温持续的时间，其次是土壤和空气的干湿程度，低温前后的天气状况，低温出现时的风速、风向，光照强度，以及地形、地势等。

脐橙防止冻害可采取如下措施：

(1) 选择耐寒品种和耐寒砧木　脐橙早、中熟品种较晚熟耐寒。如罗伯逊脐橙较晚脐橙耐寒。砧木耐寒性强，综合性状好的应选枳，其次是枳橙、红橘。

(2) 加强栽培管理，提高树体抗寒力

①改善土壤：土壤是脐橙果树的根本。深厚、肥沃、疏松、微酸性的土壤能使脐橙植株根深叶茂，生长健壮，具有强的抗寒力；反之，土壤瘠薄、黏重、酸性或碱性，根系生长受阻，树势衰退，抗寒力减弱。

为防脐橙冻害，改善土壤条件采取：全园深翻，扩穴改土培肥，加深和扩大耕作层，有条件的还可培土增厚土层。通过改土培肥，土壤条件改善后可达到：一是引根深入；二是改良土壤通透性，增强土壤肥力，提高土壤中潜在磷的吸收力；三是较好发挥冻前灌水的作用。

②合理排灌：脐橙果树喜湿润，怕干旱，但也忌土壤中水分过多。凡地下水位高于1.0～1.5米的脐橙园，要注意及时排水，尤其是梅雨季节的及时排水，或用筑墩栽培，不然会影响根系深扎，浅生于近地表而受冻。适时灌溉也能提高脐橙树体的抗寒力。我国北亚热带和北缘脐橙产区常有冬季干旱，尤其是伏旱、秋旱，不仅严重影响脐橙生长和产量的提高，而且会引起植株冬季抗寒力的减弱，因此，做好伏、秋、冬干旱时及时灌水，以利植株正常生长，同时注意土壤深翻，多施有机肥和绿肥，旱情出现前树盘松土、覆盖，肥水避免促发晚秋梢而受冻，冻前灌水等措施，防止和减轻脐橙的冻害。

③科学施肥：科学施肥涉及到肥料种类、施肥量、施肥时期及施肥方法。国外用叶片和土壤营养分析指导施肥。美国佛罗里达州提高钾肥的使用量，即氮：钾为1：1，以增强树体的抗寒性。日本也提出施氮适量，特别是增施钾肥后可提高脐橙的耐寒力。我国脐橙北缘产区，也有用增施钾肥来提高植株的抗寒力。我国脐橙果园，常有用有机肥作基肥的习惯，增施有机肥有助防止脐橙冻害。各地防冻经验还表明，早施采果肥，不仅有利恢复树势，有利花芽分化，还有利树体安全越冬。冬季清园，松土的同时，每667米^{2}脐橙园撒施草木灰350～450千克，且与表土混合，有较好的防冻作用。也有施采前肥和过冬肥增强树体抗寒力的做法：采果肥在采果前15天左右，修剪疏枝后施入，以农家肥为主，配合氮、磷、钾化肥，在树冠滴水线外缘挖深50厘米，宽40～50厘米，圆形沟或环形沟，每株成年树施堆厩肥50～60千克、尿素0.5千克、过磷酸钙2千克、硫酸钾1千克，混匀后施入，后浇稀薄人粪尿25～30千克，覆土严实后，并培

土树根部，防冻效果明显。

秋季施肥应防止晚秋梢大量抽发而造成冻害，尤其是幼树，更应注意使枝梢在晚秋前停止生长，切忌为促树冠扩大而施氮肥过多。已抽生的晚秋梢，未老熟的可行摘除。施有机肥的方法宜深不宜浅，深施诱导根系深扎，增强植株的抗寒性。

④挂果适中：挂果量适中（度）既有利克服脐橙果树的大小年，又有利增强树体的抗寒性，生产中常因结果过多，使树势减弱，抗寒力下降；同样，结果过少，使枝梢旺长，不健壮和延后成熟而受冻。

达到适量挂果可采取：一是疏果，即稳果后按叶果比疏除一部分果，使结果适中；二是开花着果多的大年树，可疏花疏果，以利增强树势。预测有寒冻的年份，一般改冬剪为早春的 2 月修剪。

⑤适当密植：适当密植不仅可早结果、早受益，而且因较密、树冠与树冠间较密接，防止了热的散发，起到减轻脐橙园冻害的作用。我国脐橙有冻害的产区，常采取带土移栽，大苗定植，矮化密植，甚至丛栽（即每穴 2～3 株）的方法，以防止脐橙植株，特别是幼树的冻害。

⑥适时控梢：适时控制秋梢可避免抽生晚秋梢而受冻，常采取：一是控肥。最后一次追肥在立秋前施入，且控制氮肥的用量，以免秋梢生长不充实。同时随时抹除晚秋梢。二是为促使秋梢老熟，常不施肥灌水，或施一定量的钾肥。三是于晚秋梢生长季（10 月上、中旬）用 0.3%～0.4% 的磷酸二氢钾喷布，促进其转色、老熟，也可用生长延缓矮壮素（CCC）1 000～2 000 毫克/千克和氯化钙（$CaCl_2$）1%～2% 喷施，可促嫩梢停止生长。

⑦培土覆盖：脐橙冻害之地，特别是幼树，常用培土和覆盖树盘的方法防止脐橙植株冻害。培土：高度 30～40 厘米，其上覆盖稻草、干草、绿肥则更好。培土时间 12 月上、中旬完成，在芽萌动前将土扒开。覆盖：霜冻来临前树盘覆盖 15～20 厘米

厚的稻草、杂草等，并在其上盖 5 厘米厚的土。培土和覆盖防冻作用明显。

⑧喷药防冻：用石硫合剂或松碱合剂喷雾，也可用机油乳剂与 80%敌敌畏、40%的乐果乳油混合的稀释 300 倍液喷雾，使农药均匀地附着在叶片上，既提高抗寒力，又兼治病虫害。

⑨病虫防治：做好防治危害脐橙叶片、枝、干的病虫害，如树脂病、炭疽病、脚腐病等病害及螨类、蚧类、天牛、吉丁虫等害虫的防治，使树体有足够健壮的叶片和枝干抗御寒冷。

(3) 其他防冻措施

①树干包扎、涂白：树干包扎防寒，常用于幼树。一般在冻前用稻草等包扎树干，可起到良好的防冻作用。用塑料薄膜包扎树干，效果最好。用石灰水将树干涂白，对防止主干受冻有一定的作用，有的还在石灰水中加入适量黄泥和牛粪。也有用生石灰 5 千克、石硫合剂原液 0.5 千克、盐 0.5 千克、动物油 0.1 千克及水 20 千克制成涂白剂，秋末冬初涂白树干。

②喷保温剂：对树冠喷施抑蒸保温剂，使脐橙叶片上形成一层分子膜，可抑制叶片水分蒸发而减轻冻害。

③喷沼气液：在冻前 11～12 月，用沼气发酵后的液肥喷施3 次，防寒效果显著。

④罩盖树冠：在寒潮来临之前，在树冠上罩盖一层聚丙烯纺织的布袋（也可用回收的化肥包装袋制成），开春后去除。与对照比植株叶色浓绿，叶绿素含量较对照高 20%，而且发芽、开花比对照提前 5 天左右。

⑤熏烟防冻：当脐橙园气温降至 $-5℃$ 前，每 667 米^2 设 3～4 个烟堆，点火熏烟雾，具有一定的防冻效果。

⑥高砧嫁接：即利用抗寒性强的砧木，在其干高 30 厘米以上部位嫁接，使抗寒性较差的接穗品种躲过地面低温层而免受冻害。

⑦燃烧加温：国外，如美国，采用在低温来临前燃油加温的

方法防止脐橙冻害。

⑧鼓风防冻：美国、意大利、西班牙等国，凡冬季脐橙有冻的区域，均装有大马力的鼓风机，在寒潮来临之时，开动鼓风机，防止过境冷空气下沉而防止脐橙植株受冻。

脐橙一旦出现冻害，可采取如下措施：

(1) 及时摇落树冠积雪 如遇脐橙树冠积雪受压，应及时摇落积雪，以免压断（裂）树枝；对已撕裂的枝桠，及时绑固。方法是将撕裂的枝桠扶回原位，使裂口部位的皮层紧密吻合，在裂口上均匀涂上接蜡，用薄膜包扎，再用细棕绳捆绑，并设立支柱固定或用绳索吊枝固定，松绑应在愈合牢固后进行。

(2) 保花保果 轻冻树花果量少，树势较强的可用 GA_3 加营养液保果，在花期和谢花后的幼果期喷施 40 毫克/千克浓度的 GA_3 加 0.3%尿素、0.2%磷酸二氢钾、硼砂、硫酸钾营养液保花保果。

(3) 合理修剪 受冻树修剪宜轻，采取抹芽为主的方法。不同受冻程度的树方法有异：对受冻轻树冠较大的树，除剪去枯枝外，还应剪去荫蔽的内膛枝、细弱枝、密生枝等；对受冻重枝干枯死的树，修剪宜推迟，待春芽抽生后剪去枯死部分，保留成活部分。对重剪树的新梢应作适当的控制和培养，但要防止徒长，以免寒前枝叶仍不充实，再次引起冻害。对受冻的小树，在修剪时尽量保留成活枝叶，属非剪不可的也宜待春梢长成后再剪除。

枝干受冻不易识别，剪（锯）过早会发生误剪；剪（锯）过迟会使树体浪费水分。故应适时剪（锯）。剪（锯）后较大的伤口，应涂刷保护剂，以减少水分蒸发。

(4) 枝干涂白防晒 受冻的植株，尤其是 3、4 级冻害的枝、干夏季应涂白，以防止严重日灼造成树枝、干裂皮。

(5) 施肥促恢复 冻后树体功能显著减弱，肥料要勤施薄施。受 1、2 级冻害的植株当年发的春梢叶小而薄，宜在新叶展开后，用 0.3%～0.5%的尿素液喷施 1～2 次。3、4 级冻害的植株发芽较迟，生长停止也较晚，应在 7 月以前看树施肥。幼树发芽较早，及时施肥。

（6）冻后灌水　冻后，特别是干冻后，根与树体更需水，应及时灌水还阳；也有用喷水减轻冻害的，即用清水或 3%～5% 的过磷酸钙浸出液喷施叶片，可减轻冻害。

（7）松土保温　解冻后立即对树盘松土，使其保住地热，提高土温。据报道，每平方厘米地表每小时可释放 25.14 焦耳热，冬季土温高于气温，松土能保持土壤热量。

（8）防治病虫　冻后最易发生树脂病，应注意防治。通常可在 5～6 月份和 9～10 月份用浓碱水（碱与水的比例为 1∶4）涂洗 2～3 次，涂前刮除病皮。同时注意螨类为害，以利枝叶正常生长而尽快恢复树势。

93. 怎样防止脐橙旱害？旱害后如何救护？

答：对受旱脐橙植株灌溉是解除旱害之关键，灌溉可用浇灌、盘灌（直接灌入树盘的土壤）、穴灌、喷灌、滴灌等，但大旱时，有的脐橙无水灌溉。旱害防止的综合措施简介如下：

（1）水土保持　经常有旱害发生的脐橙园应结合地形，在排水系统中尽可能多建蓄水池和沉砂凼，雨季蓄水，水不下山，土不出园，排蓄兼用，保持水土也是抗旱防旱的重要措施。

（2）深翻改土　深翻扩穴增加土壤的空隙和破坏土壤的毛细管，增加土壤蓄水量，减少水分的蒸发。深翻结合压绿肥，提高肥力，改善土壤团粒结构，提高抗旱性。

（3）中耕覆盖　在旱季来临之前的雨后中耕，可破坏土壤毛细管，减少水分蒸发。同时也可清除杂草，避免与脐橙争夺水分。中耕深度 10 厘米左右，坡地宜稍深，平地宜稍浅。

覆盖，即旱季开始前用杂草、秸秆等覆盖树盘，覆盖物与根颈部保持 10 厘米以上的距离，避免树干受病虫危害。

(4) 树干刷白 幼树及更新树等，在高温干旱前，用10％的石灰水涂白树干，对减少树体水分蒸发和防止日灼病有一定效果。

(5) 遮阳覆盖 用遮阳网覆盖树冠，减轻烈日辐射，降低叶面温度，从而减少植株水分蒸发，也可防止强光辐射对叶片和果实的灼伤。

(6) 用保水剂 旱前土壤施用固水型保水剂，或树冠喷布适当浓度的高脂膜类溶液，以减少土壤和叶片的失水。

脐橙旱害发生后可采取以下措施：

(1) 灌水覆盖 对易裂果的脐橙品种，早期或旱害后的灌溉应先少后多，逐渐加大灌水量。如遇突降暴雨，有条件的可覆盖树盘，减缓土壤水分补充速度，以减少裂果损失。

(2) 科学施肥 抗旱中，宜少量多次施用氮肥和钾肥。灾后及时用低浓度的氮、钾进行叶面喷施，以补充干旱造成树体营养之不足。

(3) 处理枯枝 及时处理干枯枝，防止真菌病害主枝、主干。要求剪除成活分枝上的枯枝，不得留有桩头，剪枝剪口较大用利刀削平剪口，并用杀菌剂处理伤口，防止真菌危害。

对枝梢干枯死亡超过1/2的植株，应结合施肥，适度断根，以减少根系的营养消耗，防止根系死亡。同时随施肥加入杀菌剂，防止根腐病的发生。

(4) 抹除秋花 由于旱情，特别是严重的旱情，使花芽分化异常，使浪费养分的秋花明显增多，应尽早抹除，减少养分消耗。

(5) 冬季清园 干旱后枯枝落叶多，有利病虫害越冬，且受旱树较衰弱，易受病虫危害。应结合修剪整形，清除地面杂草、枯枝落叶，松土、培土，树冠喷药等。

94. **怎样防止脐橙涝害？涝害后如何救护？**

答：防止脐橙涝害，宜采取以下措施：

(1) 择地种植 常有涝害的地域，应选择地势相对较高、地下水位低的地域种植。以减轻或避免涝害发生。

(2) 抗涝栽培 一是选种抗涝性强的品种（品系）种植。二是通过深翻改土，诱根深扎，搞好病虫害防治，防止树体受机械伤，重视秋冬采果后施基肥，培育健壮强旺的树体等栽培措施，增加植株的抗涝能力。三是适当提高树体主干高度，常遇涝害地域参照历年平均渍水情况，整形修剪时适当提高主干高度，或采取深沟高畦栽植。四是参照常年淹水深度，在脐橙园周围修筑高于常年淹水水面高度的土堤，阻水淹树，出现积水较多时用小水泵抽水排除。

脐橙出现涝害后，应采取以下救护措施：

(1) 排水清沟扶树 脐橙一旦受涝，应尽快排除积水和清理沟道。洪水能自行很快退下，退水的同时要清理沟中障碍物和尽可能洗去积留在枝叶上的泥浆杂物。洪水不能自动排除的，要及时用人工、机械排除，以减轻涝害。对被洪水冲倒的植株要及时扶正，必要时架立支柱。

(2) 松土、根外追肥 脐橙园淹水后，土壤板结，会导致植株缺氧，应立即进行全园松土，促进新根萌生。植株水淹，根系受损，吸肥能力减弱，应结合防治病虫害进行根外追肥。用0.3%～0.5%尿素、0.3%～0.4%磷酸二氢钾喷施枝叶，每隔10天1次，连续2～3次。待树势恢复后再根据植株大小、树势强弱，株施尿素50～250克。

(3) 适度修剪、刷白 受涝植株，根系吸水力减弱，应减少枝叶水分蒸发，进行修剪，通常重灾树修剪稍重，轻灾树宜轻。剪除病虫枝、交叉枝、密生枝、枯枝、纤弱枝、下垂枝和无用徒长枝，并采取抹芽控梢，促发夏秋梢。

涝害会导致植株落叶，为防日灼，常用块石灰5千克，石硫合剂原液0.5千克，食盐少许和水17.5千克调成石灰浆，涂刷主干、主枝，既防日灼，又防天牛和吉丁虫在树干产卵为害。

(4) 防病虫害、防冻　脐橙受涝，尤其是梅雨期受涝，易诱发螨类、蚜虫等害虫和树脂病、炭疽病、脚腐病的发生，应重视防治。

脐橙有冻害的应做好冬季的防冻。树干涂白，寒潮来临前进行灌水，寒潮过后即排除沟灌之水，树干缚草等，以防受涝后树势未恢复的植株又遭寒害。

(5) 其他救扶措施　受海（潮）水淹的脐橙树，应尽快排除咸潮水，以淡洗盐，2～3 天灌淡水 1 次，连续 3 次。淡水洗盐后，待畦（土）面干后，及时松土，以利根系生长。

十、脐橙病虫害防治

95. 我国脐橙有哪些病虫害？

答：我国脐橙的病虫害有近百种，其中主要的病虫害有：

（1）病害 细菌病害的溃疡病，类细菌病害的黄龙病，类病毒病害的裂皮病，病毒病害的衰退病（速衰病）、碎叶病，线虫病害的根线虫病和根结线虫病，真菌病害的炭疽病、疮痂病、树脂病（沙皮病）黑斑病、白粉病、脂斑病、煤烟病、流胶病、脚腐病、立枯病、青霉病、绿霉病、蒂腐病等。

（2）虫害 鳞翅目害虫的潜叶蛾、卷叶蛾、吸果夜蛾、凤蝶、尺蠖等，同翅目害虫的蚧类、粉虱类、木虱、蚜虫、蝉类等，鞘翅害虫的天牛类、吉丁虫类、叶甲类、金龟子类和象鼻虫类，双翅目害虫的果实蝇类、瘿蚊类（花蕾蛆等），半翅目害虫的椿象类以及危害普遍的叶螨科害螨的红蜘蛛、四斑黄蜘蛛，瘿螨科害螨的锈壁虱，跗线螨科害螨的侧多食跗线螨等。

96. 脐橙溃疡病有哪些危害症状？怎样防治？

答：溃疡病是细菌性病害，为国内、外植物检疫对象。

我国不少脐橙产区均有发生，以东南沿海各地为多。该病为害脐橙嫩梢、嫩叶和幼果。叶片发病开始在叶背出现针尖大的淡黄色或暗绿色油渍状斑点，后扩大成灰褐色近圆形病斑。病斑穿透叶片正反两面并隆起，且叶背隆起较叶面明显，中央呈火山口状开裂，木栓化，周围有黄褐色晕圈。枝梢上的病斑与叶片上的病斑相似，但较叶片上的更为突起，有的病斑环绕枝1圈使枝枯死。果实上的病斑与叶片上的病斑相似，但病斑更大，木栓化突起更显著，中央火山口状开裂更明显。

该病由野油菜黄单胞杆菌柑橘致病变种引起，已明确有A、B、C 3个菌系存在。我国的柑橘溃疡病均属A菌系，即致病性强的亚洲菌系。

病菌在病组织上越冬，借风、雨、昆虫和枝叶接触作近距离传播，远距离传播由苗木、接穗和果实引起。病菌从伤口、气孔和皮孔等处侵入。夏梢和幼果受害严重，秋梢次之，春梢轻。气温25～30℃和多雨、大风条件会使溃疡病盛发，感染7～10天即发病。苗木和幼树受害重，甜橙和幼嫩组织易感病，老熟和成熟的果实不易感病。溃疡病危害见图10-1。

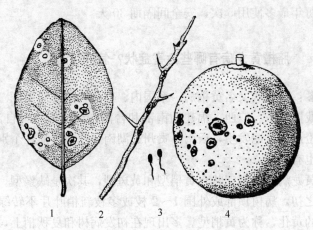

图10-1 溃疡病
1. 病叶 2. 病枝 3. 病原细菌 4. 病果

防治方法：一是严格实行植物检疫，严禁带病苗、接穗、果实进入无病区，一旦发现，立即彻底销毁。二是建立无病苗圃，培育无病苗。三是加强栽培管理，彻底清除病原。增施有机肥、钾肥，搞好树盘覆盖；在采果后及时剪除溃疡病枝，清除地面落叶、病果烧毁；对老枝梢上有病斑的，用利刀削除病斑，深达木质部，并涂上 3～5 波美度石硫合剂，树冠喷 0.8～1.0 波美度石硫剂 1～2 次；霜降前全园翻耕、株间深翻 15～30 厘米，树盘内深翻 10～15 厘米，在翻耕前每 667 米² 地面撒熟石灰（红黄壤酸性土）100～150 千克。四是加强对潜叶蛾等害虫的防治，夏、秋梢采取人工抹芽放梢，以减少潜叶蛾为害伤口而加重溃疡病。五是药剂防治，杀虫剂和杀菌剂轮换使用，保护幼果在谢花后喷 2～3 次药，每隔 7～10 天喷 1 次，药剂可选用 30% 氧氯化铜 700 倍液；在夏、秋梢新梢萌动至芽长 2 厘米左右，选用 0.5% 等量波尔多液、40% 氢氧化铜 600 倍液、1 000～2 000 毫克/千克浓度的农用链霉素、25% 噻枯唑 500～800 倍液喷施。注意药剂每年最多使用次数和安全间隔期，如氢氧化铜和氧氯化铜，每年最多使用 5 次，安全间隔期 30 天。

97. 脐橙黄龙病有哪些危害症状？怎样防治？

答：黄龙病又名黄梢病，系国内、外植物检疫对象。

我国广东、广西、福建的南部和台湾、海南等省（自治区）的脐橙产区普遍发生，云南、贵州、湖南、江西、浙江个别脐橙产区也有发现。

黄龙病的典型症状有黄梢型和黄斑型，其次是缺素型。该病发病之初，病树顶部或外围 1～2 枝或多枝新梢叶片不转绿而呈均匀的黄化，称为黄梢型。多出现在初发病树和夏秋梢上，叶片呈均匀的淡黄绿色，且极易脱落。有的叶片转绿后从主、侧脉附近或叶片基部沿叶缘出现黄绿相间的不均匀斑块，称黄斑型。黄斑型在春、夏、秋梢病枝上均有。病树进入中、后期，叶片均匀黄化，先失去光泽，叶脉凸出，木栓化，硬脆而脱落。重病树开花多，结果少，且小而畸形，病叶少，叶片主、侧脉绿色，其脉间叶肉呈淡黄或黄色，类似缺锌、锰、铁等微量元素的症状，称为缺素型。病树严重时根系腐烂，直至整株死亡。

黄龙病为类细菌为害所致，它对四环素和青霉素等抗生素以及湿热处理较为敏感。

该病病原通过带病接穗和苗木进行远距离传播。脐橙园内传播系柑橘木虱所为。幼树感病，成年树较耐病，春梢发病轻，夏、秋梢发病重。黄龙病的三种黄化叶，见图10-2。

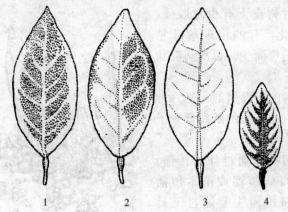

图10-2　黄龙病树的3种黄化叶

1、2. 斑驳黄化叶　3. 均匀黄化叶　4. 缺素型黄化叶

防治方法：一是严格实行检疫，严禁从病区引苗木、接穗和果实到无病区（或保护区）。二是一旦发现病株，及时挖除、烧毁，以防蔓延。三是通过指示植物鉴定或茎尖嫁接脱除病原后建立无病母本园。四是砧木种子和接穗要用49℃热湿空气处理50分钟或用1 000毫克/千克浓度盐酸四环素或盐酸土霉素处理2小时，或500毫克/千克浓度浸泡3小时后取出用清水冲洗。五是隔离种植，选隔离条件好的地域建立苗圃或脐橙园，严防柑橘木虱。六是对初发病的结果树，用1 000毫克/千克盐酸四环素或青霉素注射树干，有一定的防治效果。

98. 脐橙裂皮病有哪些危害症状？怎样防治？

答：裂皮病是世界性的柑橘病毒病害，对感病砧木的植株可造成严重的为害。

裂皮病在我国脐橙产区均有发生，以枳、枳橙作砧木的脐橙表现症状明显。病树通常表现为砧木部树皮纵裂，严重的树皮剥落，有时树皮下有少量胶质，植株矮化，有的出现落叶枯枝，新梢短而少。裂皮病症状见图 10 - 3。

该病由病毒引起，是一种没有蛋白质外壳的游离低分子核酸。

该病病原通过汁液传播。除通过带病接穗或苗木传播外，在脐橙园主要通过工具（枝剪、果剪、嫁接刀、锯等）所带病树汁液与健康株接触而传播。此外，田间植株枝梢、叶片互相接触也可由伤口传播。

图 10 - 3　裂皮病症状

防治方法：一是用指示植物——伊特洛香橼亚利桑那 861 品系鉴定出无病母树进行嫁接。二是用茎尖嫁接培育脱毒苗。三是将枝剪、果剪、嫁接刀等工具，用 10% 的漂白粉消毒（浸泡 1 分钟）后，用清水冲洗后再用。四是选用耐病砧木，如红橘。五是一旦园内发现有个别病株，应及时挖除、烧毁。

99. 脐橙碎叶病有哪些危害症状？怎样防治？

答：我国四川、重庆、广东、广西、浙江和湖南等脐橙产区

均有发生。其症状是病树
砧穗结合处环缢，接口以
上的接穗肿大。叶脉黄
化，植株矮化，剥开结合
部树皮，可见砧穗木质部
间有一圈缢缩线，此处易
断裂，裂面光滑。碎叶病
症状见图 10 - 4。

　　该病由碎叶病毒引
起，是一种短线状病毒。

　　该病枳橙砧上感病后
有明显症状。该病除了可

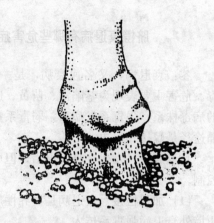

图 10 - 4　碎叶病症状

由带病苗木和接穗传播外，在田间还可通过污染的刀、剪等工具
传播。

　　防治方法：一是严格实行植物检疫，严禁带病苗木、接
穗、果实进入无病区，一旦发现，立即烧毁。二是建立无病苗
圃，培育无病毒苗。无病毒母株（苗）可通过：一是利用指示
植物鉴定，选择无病毒母树；二是用热处理消毒，获得无病毒
母株，在人工气候箱或生长箱中，每天白天 16 小时，40℃，
光照；夜间 8 小时，30℃，黑暗；处理带病脐橙苗 3 个月以上
可获得无病毒苗。三用热处理和茎尖嫁接相结合进行母株脱
毒。在生长箱中处理，每天光照和黑暗各 12 小时，35℃处理
19～32 天，或昼 40℃、夜 30℃处理 9 天，加昼 35℃、夜 30℃
处理 13～20 天，接着取 0.2 毫米长的茎尖进行茎尖嫁接，可
获得无病毒苗。三是对刀、剪等工具，用 10％的漂白粉液进行
消毒后，用清水冲洗后再用。三是对枳砧已受碎叶病侵染，嫁
接部出现障碍的植株，采用靠接耐病的红橘砧，可恢复树势，
但此法在该病零星发生时不宜采用。四是一旦发现零星病株，
挖除、烧毁。

100. 脐橙衰退病有哪些危害症状？怎样防止？

答：衰退病，又名速衰病，是一种病毒性病害，属线状病毒。危害主要表现为茎陷沟、苗黄、速衰和枯死。衰退病有不同的病毒株系，强毒系发病重，弱毒系症状不明显。田间的主要传播途径是嫁接和蚜虫。

衰退病一旦发生，难以根治，但可通过以下措施进行预防和控制。

(1) 加强检疫 衰退病是世界性病害，应实行严格检疫，防止境外衰退病强毒系传入。

(2) 选用耐病砧木 选用枳、红橘、枳橙、枳柚、酸柚、枸头橙、粗柠檬、红檬檬做砧木，不用酸橙、葡萄柚、尤力克柠檬等做砧木。

(3) 选用无病毒繁殖材料 经指标植物鉴定，筛选无病毒母树，建立无病毒采穗圃。也可用物理治疗方法将病株或可疑病株置于 30～44℃恒温温室中培养 40 天，或白天 40℃，晚上 30℃，经 7～12 周脱毒，取新抽发的嫩梢在温室中进行繁殖，获得无病毒材料。

(4) 及时挖除病株 在无蚜虫发生和感病率低的产区，应及时挖除发病株。

(5) 防治传毒昆虫 在脐橙生长期及时防治传播衰退病毒的各种蚜虫，以减少病毒源的传播。

(6) 弱毒系保护利用 用衰退病弱毒系接种到健康的脐橙树体，使其对强毒系由产生拮抗作用而免受危害。

101. 脐橙炭疽病有哪些危害症状？怎样防治？

答：我国脐橙产区均有发生。为害枝梢、叶片、果实和苗木，有时花、枝干和果梗也受为害，严重时引起落叶枯梢，树皮开裂，果实腐烂。叶片上的叶斑分叶斑型和叶枝型两种。病枝上的病斑也是两种：一种多从叶柄基部腋芽处开始，为椭圆形至长菱形，稍下凹，病斑环绕枝条时，枝梢枯死，呈灰白色，叶片干挂枝上；另一种在晚秋梢上发生，病梢枯死部呈灰白色，上有许多黑点，嫩梢遇阴雨时，顶端3~4厘米处会发现烫伤状，经3~5天即呈现凋萎发黑的急性型症状。受害苗木多从地面7~10厘米嫁接口处发生不规则的深褐色病斑，严重时顶端枯死。花朵受害后，雌蕊柱头常引起褐腐而落花（称花萎症）。幼果受害后，果梗发生淡黄色病斑，后变为褐色而干枯，果实脱落或成僵果挂在枝上。大果染病后出现干疤、泪痕和落果三种症状。炭疽病也是重要的贮藏病害。病叶、病枝和病原菌见图 10-5。

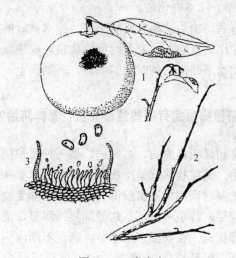

图 10-5　炭疽病
1. 病果病叶　2. 病枝　3. 病原菌

该病引起的病菌属半知菌亚门的有刺炭疽孢属的胶孢炭疽菌。

该病病菌在组织内越冬，分生孢子借风、雨、昆虫传播，从植株伤口、气孔和皮孔侵入。通常在春梢后期开始发病，以夏、秋梢发病多。

防治方法：一是加强栽培管理，深翻土壤改土，增施有机肥，并避免偏施氮肥，忽视磷肥、钾肥的倾向，特别是多施钾肥（如草木灰）；做好防冻、抗旱、防涝和其他病虫害的防治，以增强树势，提高树体的抗性。二是彻底清除病源，剪除病枝梢、叶和病果梗集中烧毁，并随时注意清除落叶落果。三是药剂防治，在春、夏、秋梢嫩梢期各喷 1 次，着重在幼果期喷 1～2 次，7月下旬～9月上中旬果实生长发育期 15～20 天喷 1 次，连续 2～3 次。药剂选择 0.5％等量式波尔多液、30％氧氯化铜（王铜）600～800 倍液、77％氢氧化铜（可杀得）400～600 倍液、80％代森锰锌可湿性粉剂（大生 M - 45）400～600 倍液、溴菌腈（炭特灵）1 500～2 000 倍液。

苗木炭疽病防治应选择有机质丰富、排水良好的砂壤土作苗床，并实行轮作。发病苗木要及时剪除病枝叶或拔除烧毁。尤其要注意春、秋季节晴雨交替时期的喷药，药剂同上。

102. 脐橙脚腐病有哪些危害症状？怎样防治？

答：脚腐病又叫裙腐病、烂兜病，是一种根颈病。我国脐橙产区均有发生。其症状病部呈不规则的黄褐色水渍状腐烂，有酒精味，天气潮湿时病部常流出胶液；干燥时病部变硬结成块，以后扩展到形成层，甚至木质部。病健部界线明显，最后皮层干燥翘裂，木质部裸露。在高温多雨季节，病斑不断向纵横扩展，沿主干向上蔓延，可延长达 30 厘米，向下可蔓延到根系，引起主根、侧根腐烂；当病斑向四周扩散，可使根颈部树皮全部腐烂，形成环割而导致植株死亡。病害蔓延过程中，与根颈部位相对应的树冠，叶片小，叶片中、侧脉呈深黄色，以后全叶变黄脱落，且使落叶枝干枯，病树死亡。当年或前一年，开花结果多，但果小，提前转黄，且味酸易脱落。脚腐病症状、病原菌见图10-6。

图 10-6 脚腐病
1. 病状　2. 病原菌（寄生疫霉菌的孢子囊及游动孢子）

该病已明确系由疫霉菌引起，也有认为是疫霉和镰刀菌复合染传。

该病病菌以菌丝体在病组织中越冬，也可随病残体在土中越冬。靠雨水传播，田间4～9月份均可发病，但以7～8月份最盛。高温、高湿、土壤排水不良、园内间种高秆作物、种植密度过大、树冠郁闭、树皮损伤和嫁接口过低等均利于发病。甜橙砧感病，枳砧耐病，幼树发病轻，大树尤其是衰老树发病重。

防治方法：一是选用枳、红橘等耐病的砧木。二是栽植时，苗木的嫁接口要露出土面，可减少、减轻发病。三是加强栽培管理，做好土壤改良，开沟排水，改善土壤通透性，注意间作物及脐橙的栽植密度，保持园地通风，光照良好等。四是对已发病的植株，选用枳砧进行靠接，重病树进行适当的修剪，以减少养分损失。

103. 脐橙树脂病有哪些危害症状？怎样防治？

答：树脂病在我国脐橙产区均有发生。因发病部位不同而有多个名称：在主干上称树指病，叶片和幼果上称沙皮病，在成熟或贮藏果实上称蒂腐病。枝干症状分流胶型和干枯型。流胶型病斑初为暗褐色油渍状，皮层腐烂坏死变褐色，有臭味，此后危害木质部并流出黄褐色半透明胶液，当天气干燥时病部逐渐干枯下陷，皮层开裂剥落，木质部外露。干枯型的病部皮层红褐色，干枯略下陷，有裂纹，无明显流胶。但两种类型病斑木质部均为浅褐色，病健交界处有一黄褐色或黑褐色痕带，病斑上有许多黑色小点。病菌侵染嫩叶和幼果后使叶表面和果皮产生许多深褐色散生或密集小点，使表皮粗糙似沙粒，故称沙皮病；衰弱或受冻害枝的顶端呈明显褐色病斑，病健交界处有少量流胶，严重时枝条枯死，表面生出许多黑色小点称为枯枝型；病菌危害成熟果实在贮藏中会发生蒂腐病（见贮藏病害）。

该病由真菌引起，其有性阶段称柑橘间座壳菌，属子囊菌亚门；无性世代属半知菌亚门。

该病以菌丝体或分生孢子器生存在病组织中，分生孢子借风、雨、昆虫和鸟类传播，10℃时分生孢子开始萌发，20℃和高湿最适于生长繁殖。春、秋季易发病，冬、夏梢发病缓慢。病菌在生长衰弱、有伤口、冻害时才侵染，故冬季低温冻害有利病菌侵入，木质部、皮部皮层易感病。大枝和老树易感病，发病的关键是湿度。

防治方法：一是加强栽培管理，深翻土壤，增施有机肥、钾肥，以增强树势，提高树体抗性。二是防治冻害、日灼。三是认真清园，结合修剪将病虫枝、枯枝、机械损伤枝剪除，挖除病枯树桩和死树，集中烧毁，以减少病源。四是药剂防治。在春梢萌发和幼果期各喷1次药，药剂可选择50%甲基托布津或50%多菌灵1 000倍液，或枝干病斑浅刮深刻后涂多菌灵或甲基托布津100倍液，或1∶4碱水，或沥青（柏油）和托布津混合液（比例100∶1）刷涂，或用1∶1∶10波尔多浆刷涂均有效果。

104. 脐橙黑斑病有哪些危害症状？怎样防治？

答：黑斑病又叫黑星病，在我国长江流域以南的脐橙产区均有发生。主要为害果实，叶片受害较轻。症状分黑星型和黑斑型两类。黑星型发生在近成熟的果实上，病斑初为褐色小圆点，后扩大成直径 2～3 毫米的圆形黑褐色斑，周围稍隆起，中央凹陷呈灰褐色，其上有许多小黑点，一般只为害果皮。果实上病斑多时可引起落果。黑斑型初为淡黄色斑点，后扩大为圆形或不规则形，直径 1～3 厘米的大黑斑，病斑中央稍凹陷，上生许多黑色小粒点，严重时病斑覆盖大部分果面。在贮藏期间果实腐烂，僵缩如炭状。

该病由半知菌亚门茎点属所致，其无性阶段为柑橘茎点霉菌，其有性阶段称柑橘球座菌。

该病主要以未成熟子囊壳和分生孢子器落在叶上越冬，也可以分生孢子器在病部越冬。病菌发育温度 15～38℃，最适 25℃，高湿有利于发病。大树比幼树发病重，衰弱树比健壮树发病重。田间 7～8 月份开始发病，8～10 月份为发病高峰。

防治方法：一是冬剪除病枝、病叶，清除园内病枝、叶烧毁，以减少越冬病源。二是加强栽培管理，增施有机肥，及时排水，促壮树体。花后 1 个月至 1.5 个月喷药，15 天左右 1 次，连续 3～4 次。药剂可选用 0.5％等量式波尔多液、多菌灵 1 000倍液、45％石硫合剂结晶 180 倍液（用于冬季和早春清园）、30％氧氯化铜 600～800 倍液、77％氢氧化铜 400～600 倍液。

105. 脐橙苗期立枯病、苗疫病有哪些危害症状？怎样防治？

答：**（1）苗期立枯病** 我国脐橙产区均有发生。由于发病时间和部位不同，该病有青枯型、顶枯型和芽腐型 3 种症状。幼苗根颈部萎缩或根部皮层腐烂，叶片凋萎不落，很快青枯死亡的为青枯型；顶部叶片感病后产生圆形或不定形褐色病斑，并很快蔓延枯死的为顶枯型；幼苗胚伸出地面前受害变黑腐烂的为芽腐型。

该病系多种真菌所致，其中主要有立枯丝核菌、疫霉和茎点霉菌。

该病以菌丝体或菌核在病残体或土壤中越冬，条件适宜时传播、蔓延。田间 4～6 月份发病多，高温、高湿、大雨或阴雨连绵后突然暴晒时发病多而重。幼苗 1～2 片真叶时易感病，60 天以上的苗较少发病。

防治方法：一是选择地势较高、排水良好的砂壤土育苗。二是避免连作，实行轮作，雨后要及时松土。三是及时拔除并销毁病苗，减少病源。四是药剂防治。播种前 20 天，用 5％棉隆，以 30～50 克/米^2 用量进行土壤消毒，或采用无菌土营养袋育苗。田间发现病株时喷药防治，每隔 10～15 天 1 次，连续 2～3次，药剂可选 70％甲基托布津可湿性粉剂或 50％多菌灵可湿性粉剂 800～1 000 倍液，0.5∶0.5∶100 的波尔多液，大生 M-45可湿性粉剂 600～800 倍液，25％甲霜灵 200～400 倍液等。

(2) 苗疫病 我国脐橙的不少产区均有发生。此病为害幼苗的茎、枝梢及叶片，幼嫩部分受害尤重。幼茎发病通常在嫁接口以上 3～5 厘米处，呈浅黑色小斑，扩大后变为褐色或黑褐色，大多有流胶现象。当病斑环绕幼茎后，上部叶片萎蔫，最后整株枯死。枝梢受害呈褐色或黑褐色病斑，罹病嫩梢有时呈软腐状，引起枯梢。叶片受害时，大多数从叶尖或叶缘开始，嫩叶病斑浅褐色或褐色，老叶病斑为黑褐色。也有叶片中间形成圆形或不规则形大斑，病斑中央呈浅褐色，周围呈深褐色，有时有浅褐色晕圈。病叶易脱落，严重时整株幼苗叶片几天内可全部脱落。湿度大时，新梢病部有时生出白色霉状物，幼苗根部受害呈褐色或黑褐色根腐而枯萎。

该病是一种真菌，属鞭毛菌亚门，疫霉菌属，以菌丝体在病组织中越冬，也可以卵孢子在土壤中越冬。

气候条件是本病发生的主要因素，相对湿度达80％以上时，温度越高发病中心和新病斑形成越快，而相对湿度在70％以下时，病斑难以形成，已发病的中心也难以扩散。该病春季和秋季较重，其中又以春、秋梢转绿期间发病迅速，老熟的枝梢和叶片较抗病。

防治方法：一是苗圃要选择地形高，排水良好，土质疏松的新地，合理轮作，避免连作，苗木种植不宜过密。二是加强管理，及时挖除病株。三是药剂防治可选用25％瑞毒霉1 000倍液，80％乙膦铝可湿性粉剂400～500倍液在发病期间喷施，防效良好。

106. 脐橙根线虫病、根结线虫病有哪些危害症状？怎样防治？

答：**（1）根线虫病** 我国不少脐橙产区均有发生。该病为害须根。受害根略粗短、畸形、易碎，无正常应有的黄色光泽。植株受害初期，地上部无明显症状，随着虫量增加，受害根系增多，植株会表现出干旱、营养不良症状，抽梢少而晚，叶片小而黄，且易脱落，顶端小枝会枯死。根线虫幼虫、雌成虫等，见图10-7。

该病由羊穿刺线虫属的柑橘半穿刺线虫所致。

该病主要以卵和2龄幼虫在土壤中越冬，翌年春发新根时以2龄虫侵入。虫体前端插入寄主皮内固定，后端外露。由带病的苗木和土壤传播，雨水和灌溉水也能作近距离传播。

防治方法：一是加强苗木检验，培育无病苗木。二是选用抗病砧，如枳橙和某些枳作砧木。三是加强肥水管理，增施有

图 10 - 7　根线虫病

1. 须根上寄生的雌成虫及卵囊　2. 病根剖面　3. 幼虫　4. 雌成虫

机肥和磷肥、钾肥，促进根系生长，提高抗病力。四是药剂防治，2～3月份在病树四周开环形沟，每 667 米^2 施 15% 铁灭克 5 000 克，10% 克线灵或 10% 克线丹颗粒 5 000 克，按原药：细沙土为 1：15 的比例，配制成毒土，均匀深埋树干周围进行杀灭即可。

（2）根结线虫病　我国华南脐橙产区有发生。该病线虫侵入须根，使根组织过度生长，形成大小不等的根瘤，最后根瘤腐烂，病根死亡，其他症状同根线虫。

该病由根结线虫属的柑橘根结线虫所致。

该病主要以卵和雌虫越冬。环境适宜时，卵在卵囊内发育为 1 龄幼虫，蜕皮后破卵壳而出，成为 2 龄幼虫，活动于土中，并侵染嫩根，在根皮和中柱间为害，且刺激根组织过宽生长，形成不规则的根瘤。一般在通透性好的砂质土中发病重。

防治方法：与根线虫同。

107. 脐橙的贮藏病害有哪些？症状如何？怎样防治？

答：脐橙的贮藏病害主要是两大类：一类是由病原物侵染所致的侵染性病害，如青霉病、绿霉病、蒂腐病等；另一类是生理性病害，如褐斑病（干疤）、水肿等。

(1) 青霉病和绿霉病 脐橙的青霉病、绿霉病均有发生，绿霉病比青霉病发生多。青霉病发病适温较低，绿霉病发病适温较高。青、绿霉菌病初期症状相似，病部呈水渍状软腐，病斑圆形，后长出霉状菌丝，并在其上出现粉状霉层。但两种病症也有差异，后期症区别尤为明显。两种病症状比较见表 10 - 1。

表 10 - 1　青霉病与绿霉病的症状比较

病害名称	青霉病	绿霉病
孢子丛	青绿色，可发生在果皮上和果心空隙处	橄榄绿色，只发生在果皮上
白色菌丝体	较窄，仅 1～2 毫米，外观呈粉状	较宽，8～15 毫米，略带胶着状，有皱纹
病部边缘	有水渍状，规则而明显	水渍状，边缘不规则，不明显
黏着性	对包果纸和其他接触物无黏着力	包果纸黏在果上，也易与其他接触物黏结
气味	有霉味	有芳香气味

青霉病为意大利青霉侵染所引起，它属半知菌，分生孢子无色，呈扫帚状。绿霉菌由指状青霉所侵染，分生孢子串生，无色单胞，近球形。

该病病菌通过气流和接触传播，由伤口侵入，青霉病发生的最适温度 18～21℃，绿霉病发生的最适温度为 25～27℃，湿度均要求 95％以上。

防治方法：一是适时采收。二是精细采收，尽量避免伤果。三是对贮藏库、窖等用硫磺熏蒸，紫外线照射或喷药消毒，每立方米空间 10 克，密闭熏蒸消毒 24 小时。四是采下脐橙果实用药液浸 1 分钟，集中处理，并在采果当天处理完毕。药剂可选 25％戴挫霉乳油 500～1 000 毫克/千克或用噻菌灵（特克多，TBZ）500～1 000 毫克/千克。五是改善贮藏条件，通风库以温度 5～9℃、湿度以 90％为宜。

（2）炭疽病 该病是脐橙贮藏保鲜中、后期发生较多的病害。常见的症状有两种：一种是在干燥贮藏条件下，病斑发展缓慢，限于果面，不侵入果肉。另一种是在湿度较大的情况下产生软腐型病斑，病斑发展快，且危及果肉。在气温较高时，病斑上还可产生粉红色黏着状的炭疽孢子。病果有酒味或烂味。

该病由属于半知菌亚门的盘长孢子状刺盘孢所致。

该病病菌在病组织上越冬。分生孢子经风、雨、昆虫传播，从伤口或气孔侵入。寄主生长衰弱，高温、高湿时易发生。病菌从果园带入，在果实贮藏期间发病。

防治方法：一是加强田间管理，增强寄主抵抗力。二是冬季结合清园，剪除病枝，烧毁。三是多发病果园，抽梢后喷施退菌特 500～700 倍液，杀灭炭疽病菌，以免果实贮藏期间受为害。

（3）蒂腐病 我国脐橙产区均有发生。分褐色蒂腐病和黑色蒂腐病两种。褐色蒂腐病症状为果实贮藏后期果蒂与果实间皮层组织因形成离层而分离，果蒂中的维管束尚与果实连着，病菌由此侵入或从果梗伤口侵入，使果蒂部发生褪色病斑。由于病菌在囊、瓣间扩展较快，使病部边缘呈波纹状深褐色，内部腐烂较果皮快，当病斑扩展至 1/3～1/2 时，果心已全部腐烂，故名穿心烂。黑色蒂腐病多从果蒂或脐部开始，病斑初为浅褐色、革质，后蔓延全果，病斑随囊瓣排列而蔓延，使果面呈深褐蒂纹直达脐部，用手压病果，常有琥珀色汁流出。高湿条件下，病部长出污黑色气生菌丝，干燥时病果成黑色僵果，病果肉腐烂。

褐色蒂腐由柑橘树脂病所致。黑色蒂腐病的病原有性阶段为柑橘囊孢壳菌，属子囊菌；在病果上常见其无性阶段，病原称为蒂腐色二孢菌，属半知菌亚门。

该病病菌从果园带入，在果实贮藏期才发病。病菌从伤口或果蒂部侵入，果蒂脱落、干枯和果皮受伤均易引起发病，高温高湿有利发病。

防治方法：一是加强田间管理、防治，将病原杀灭在果园。二是适时、精细采收，减少果实伤口。三是运输工具、贮藏库（房）进行消毒。四是药剂防治同青、绿霉防治。

(4) 褐斑病 褐斑病又称干疤，是脐橙果实贮藏中发生的一种病害，尤其是不用薄膜包裹的发生较多。通常果实贮藏 1～2 个月开始发病，且随着贮藏期的延长发病增多。病果蒂缘凹陷并扩散，病斑有网状、块状、点状和木栓状等形状。其中块状和木栓状多数病斑带菌；网状和点状为生理病害。干疤多数只为害果皮，但病斑扩大时果实会产生酒味，继而感染青、绿霉病。

该病病源尚不清楚，有人认为是果实失水皱缩、机械伤和油胞凹陷所致。

该病田间也发生，贮藏期间低湿是发病的主要原因。

防治方法：一是提高贮藏环境的湿度。二是采用薄膜包果，使果实保持新鲜。三是采果后经短期高温高湿处理（40℃、95%），时间 4～6 小时可减少褐斑病发生。四是适当早采，但过早采收，果实易萎缩，也易致褐斑。五是其他同青、绿霉病的防治。

(5) 水肿 水肿是冷库和气调库贮藏中出现的生理病害。病果初期是果皮失去光泽，显出由里向外渗透的浅褐色斑点。以后逐渐发展连成片，严重时整个果实呈"水煮熟状"。其白皮层和维管束也变为浅褐色，易与果肉分离，囊壁出现许多白色小点。病果有异味。

该病系生理性病害，系长期处于不适宜低温或氧气不足，二氧化碳过量环境，导致果实生理失调所致。

该病在库温 3℃以下，二氧化碳 3% 以上的库内易发生水肿。此外，高湿可促使水肿提早发生和蔓延。贮藏中，用薄膜包果比用纸包果的发病多。

防治方法：一是适时采收。二是贮藏库内温度不宜过低（3℃以上），湿度不宜过高，经常通风透气，使二氧化碳浓度不超过 1％，氧的浓度不低于 19％，良好的贮藏环境可抑制水肿病的发生。

108. 红蜘蛛对脐橙有哪些危害？怎样防治？

答：红蜘蛛又叫橘全爪螨，属叶螨科。我国脐橙产区均有发生。它除了为害柑橘以外，还为害梨、桃和桑等经济树种。主要吸食叶片、嫩梢、花蕾和果实的汁液，尤以嫩叶为害为重。叶片受害初期为淡绿色，后出现灰白色斑点，严重时叶片呈灰白色而失去光泽，叶背布满灰尘状蜕皮壳，并引起落叶。幼果受害，果面出现淡绿色斑点；成熟果实受害，果面出现淡黄色斑点；果蒂受害导致大量落果。

该螨雌成螨椭圆形，长 0.3～0.4 毫米，红色至暗红色。雄成螨体略小而狭长。卵，近圆球形，初为橘黄色，后为淡红色，中央有一丝状卵柄，上有放射状丝。幼螨近圆形，有足 3 对。若螨似成螨，有足 4 对。红蜘蛛虫体及危害见图 10-8。

红蜘蛛 1 年发生 12～20 代，田间世代重叠。冬季多以成螨和卵在枝叶上，在多数脐橙产区无明显越冬阶段。当气温 12℃时，

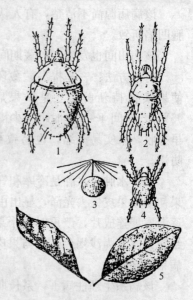

图 10-8　红蜘蛛
1. 雌成虫　2. 雄成虫　3. 卵
4. 幼螨　5. 被害叶片

虫口渐增，20℃时盛发，20～30℃的气温和60％～70％的空气相对湿度，是红蜘蛛发育和繁殖的最适条件。红蜘蛛有趋嫩性、趋光性和迁移性。叶面和背面虫口均多。在土壤瘠薄、向阳的山坡地，红蜘蛛发生早而重。

防治方法：一是利用食螨瓢虫、日本方头甲、塔六点蓟马、草蛉、长须螨和钝绥螨等天敌防治红蜘蛛，并在果园种植藿香蓟、白三叶、百喜草、大豆、印度豇豆，冬季还可种植豌豆、肥田萝卜和紫云英等。还可生草栽培，创造天敌生存的良好环境。二是干旱时及时灌水，可以减轻红蜘蛛为害。三是科学用药，避免滥用，特别是对天敌杀伤力大的广谱性农药。科学用药的关键是掌握防治指标和选择药剂种类。一般春季防治指标为3～4头/叶，夏、秋季防治指标为5～7头/叶，天敌少的防治指标宜低；反之，天敌多的，防治指标宜高。药剂要选对天敌安全或较为安全的。通常冬季早春可选机油乳剂200倍液；开花前，气温较低可选用5％尼索朗（噻螨特）3 000倍液，或5％霸螨灵3 000倍液；生长期可选73％克螨特3 000倍液、15％速螨酮乳油2 000～3 000倍液、25％三唑锡可湿性粉剂1 500～2 000倍液、50％托尔克可湿性粉剂2 000～3 000倍液、45％石硫合剂结晶250～400倍液等。

109. 四斑黄蜘蛛对脐橙有哪些危害？怎样防治？

答：四斑黄蜘蛛，又名橘始叶螨，属叶螨科。在我国脐橙产区均有发生，重庆、四川等地为害较重。主要为害叶片，嫩梢、花蕾和幼果也受害。嫩叶受害后，在受害处背面出现微凹、正面凸起的黄色大斑，严重时叶片扭曲变形，甚至大量落叶。老叶受害处背面为黄褐色大斑，叶面为淡黄色斑。

该螨雌成虫长椭圆形，长0.35～0.42毫米，足4对，体色随环境而异，有淡黄、橙黄和橘黄等色；体背面有4个多角形黑

斑，见图 10-9。雄成虫后端削尖，足较长。卵，圆球形，其色
初为淡黄，后渐变为橙黄，光滑。幼螨，初孵时淡黄色，近圆
形，足 3 对。四斑黄蜘蛛虫体及危害见图 10-9。

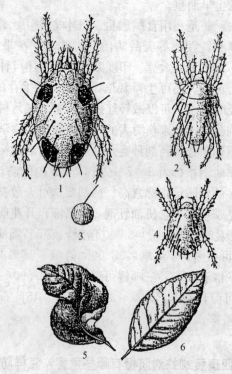

图 10-9 四斑黄蜘蛛
1. 雌成虫 2. 雄成虫 3. 卵 4. 幼螨 5. 被害叶 6. 正常叶

　　该螨四川、重庆 1 年发生 20 代。冬季多以成螨和卵在叶背，
无明显越冬期，田间世代重叠。成螨 3℃时开始活动，14～15℃
时繁殖最快，20～25℃和低湿是最适的发生条件。春芽萌发至开
花前后是为害盛期。高温少雨时为害严重。四斑黄蜘蛛常在叶背
主脉两侧聚集取食，聚居处常有蛛网覆盖，产卵于其中。喜在树
冠内和中、下部光线较暗的叶背取食。对大树为害较重。

防治方法：一是认真做好测报，在花前螨、卵数达 1 头（粒）/叶，花后螨、卵数达 3 头（粒）/叶时进行防治。通常春芽长 1 厘米时就应注意其发生动态，药剂防治主要在 4～5 月进行，其次是 10～11 月，喷药要注意对树冠内部的叶片和叶背喷施。二是合理修剪，使树冠通风透光。三是防治的药剂与红蜘蛛相同。

110. 锈壁虱对脐橙有哪些危害？怎样防治？

答：锈壁虱，又名锈蜘蛛等，属瘿螨科。我国脐橙产区均有发生。为害叶片和果实，主要在叶片背面和果实表面吸食汁液。吸食时使油胞破坏，芳香油溢出，被空气氧化，导致叶背、果面变为黑褐色或铜绿色，严重时可引起大量落叶。幼果受害严重时，变小、变硬；大果受害后果皮变为黑褐色，韧而厚。果实有发酵味，品质下降。

该螨成螨体长 0.1～0.2 毫米，体形似胡萝卜，初为淡黄色，后为橙黄色或肉红色，足 2 对，尾端有刚毛 1 对。卵，扁圆形，淡黄色或白色，光滑透明。锈壁虱虫体及危害见图 10-10。

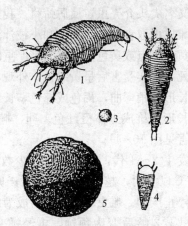

图 10-10　锈壁虱
1. 成虫侧面　2. 成虫正面　3. 卵　4. 若虫　5. 果实被害状

该螨 1 年发生 18～24 代，以成螨在腋芽和卷叶内越冬。日均温度 10℃时停止活动，15℃时开始产卵，随春梢抽发迁至新梢取食。5～6 月份蔓延至果上，7～9 月份为害果实最甚。大雨可抑制其为害，9 月后随气温下降，虫口减少。

防治方法：一是剪除病虫枝叶，清出园区，同时合理修剪，使树冠通风透光，减少虫害发生。二是利用天敌，园中天敌少可设法从外地引入，尤以刺粉虱黑蜂、黄盾恩蚜小蜂为有效。三是药剂防治，认真做好测报，从 5 月份起，经常检查，在叶片上或果上有 2～3 头/视野（10 倍手持放大镜的一个视野），当年春梢叶背出现被害状，果园中发现一个果出现被害状时开始防治。药剂可选用 75％炔螨特 3 000 倍液，或 1.8％阿维菌素乳油 2 500～3 000 倍液，10％吡虫啉可湿性粉剂 1 500 倍液，40％乐斯本乳油 1 000～1 500 倍液，90％晶体敌百虫 500～800 倍液，40％乐果乳油 800～1 000 倍液，0.5％果圣 1 000 倍液。

111. 矢尖蚧对脐橙有哪些危害？怎样防治？

答：矢尖蚧又名尖头介壳虫，属盾蚧科。我国脐橙产区均有发生。以若虫和雌成虫取食叶片、果实和小枝汁液。叶片受害轻时，被害处出现黄色斑点或黄色大斑，受害严重时，叶片扭曲变形，甚至枝叶枯死。果实受害后呈黄绿色，外观、内质变差。

雌成虫介壳长形，稍弯曲，褐色或棕色，长约 3.5 毫米。雌成虫体橙红色，长形，雄成虫体橙红色。卵，椭圆形，橙黄色。矢尖蚧虫体及危害见图 10-11。

矢尖蚧 1 年发生 2～4 代，以雌成虫和少数 2 龄若虫越冬。当日平均气温 17℃以上时，越冬雌成虫开始产卵孵化，世代重叠，17℃以下时停止产卵。雌虫蜕皮两次后成为成虫。雄若虫则常群集于叶背为害，2 龄后变为预蛹，再经蛹变为成虫。在重庆，各代 1 龄若虫高峰期分别出现在 5 月上旬、7 月中旬和 9 月

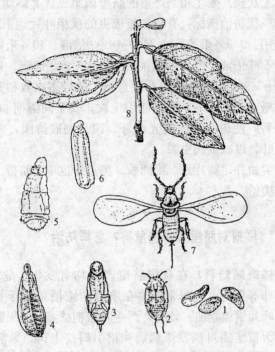

图 10 - 11 矢尖蚧
1. 卵 2. 初孵若虫 3. 雄蛹 4. 雌虫蚧壳
5. 雌成虫 6. 雄虫蚧壳 7. 雄虫 8. 枝叶被害状

下旬。温暖潮湿的条件有利其发生。树冠郁闭的易发生，且为害较重，大树较幼树发生重，雌虫分散取食，雄虫多聚在母体附近为害。

防治方法：一是利用矢尖蚧的重要天敌：矢尖蚧蚜小蜂、金黄蚜小蜂、日本方头甲、豹纹花翅蚜小蜂、整胸寡节瓢虫、红点唇瓢虫和草蛉等，并为其创造生存的环境条件。二是做好预测预报。四川、重庆、湖北及气候相似的脐橙产区，初花后 25～30 天为第一次防治期。或花后观察雄虫发育情况，发现园中个别雄虫背面出现白色蜡状物之后 5 天内为第一次防治时期，15～20

天后喷第二次药。发生相当严重的脐橙园第二代 2 龄幼虫再喷 1
次药。第一代防治指标：有越冬雌成虫的秋梢叶片达 10％以上。
药剂可选用：0.5％果圣乳油 750～1 000 倍液、40％乐斯本乳油
1 000～1 500 倍液、95％的机油乳剂 150～200 倍液，40％乐果
乳油 800～1 000 倍液等，用药注意一年的最多次数和安全间隔
期。如乐斯本乳油，一年最多使用 1 次，安全间隔期 28 天。三
是加强修剪，使树冠通风透光良好。四是彻底清园，剪除病虫
枝、枯枝叶，以减少病虫源。

除矢尖蚧外，糠片蚧、褐圆蚧、黑点蚧也危害脐橙。防治方
法参照矢尖蚧。

112. 橘蚜对脐橙有哪些危害？怎样防治？

答：橘蚜属蚜科，在我国脐橙产区均有发生。危害柑橘、
桃、梨和柿等果树。橘蚜常群集在脐橙的嫩梢和嫩叶上吸食汁
液，引起叶片皱缩卷曲、硬脆，严重时嫩梢枯萎，幼果脱落。橘
蚜分泌物大量蜜露可诱发煤烟病和招引蚂蚁上树，影响天敌活
动，降低光合作用。橘蚜也是柑橘衰退病的传播媒介。

该虫无翅胎生蚜，体长 1.3 毫米，漆黑色，复眼红褐色，有
触角 6 节，灰褐色。有翅胎生雌蚜与无翅型相似，有翅两对，白
色透明。无翅雄蚜与雌蚜相似，全体深褐色，后足特别膨大。有
翅雄蚜与雌蚜相似，惟触角第三节上有感觉圈 45 个。卵，椭圆
形，长 0.6 毫米，初为淡黄色，渐变为黄褐色，最后成漆黑色，
有光泽。若虫体黑色，复眼红黑色。

橘蚜 1 年发生 10～20 代，在北亚热带的浙江黄岩主要以卵
越冬，在福建和广东以成虫越冬。越冬卵 3 月下旬～4 月上旬孵
化为无翅若蚜后，即上嫩梢为害。若虫经 4 龄成熟后即开始生幼
蚜，继续繁殖。繁殖的最适温度为 24～27℃，气温过高或过低，
雨水过多均影响其繁殖。春末夏初和秋季干旱时为害最重。有翅

蚜有迁移性。秋末冬初便产生有性蚜交配产卵，越冬。

防治方法：一是保护天敌，如七星瓢虫、异色瓢虫、草蛉、食蚜蝇和蚜茧蜂等，并创造其良好生存环境。二是剪除虫枝或抹除抽发不整齐的嫩梢，以减少橘蚜食料。三是加强观察，当春、夏、秋梢嫩梢期有蚜率达 25% 时喷药防治，药剂可选择：50% 抗蚜威 2 000～3 000 倍液、20% 中西杀灭菊酯或 20% 扫灭利 2 500～3 000 倍液，或 10% 吡虫啉（蚜虱净）可湿性粉剂 1 200～1 500 倍液，或乐果 800～1 000 倍液。注意每年最多使用次数和安全间隔期。如乐果每年最多使用 3 次，安全间隔期 14 天。

113. 黑刺粉虱对脐橙有哪些危害？怎样防治？

答：黑刺粉虱属粉虱科。我国脐橙产区均有发生。为害柑橘、梨和茶等多种植物。以若虫群集叶背取食，叶片受害后出现黄色斑点，并诱发煤烟病。受害严重时，植株抽梢少而短，果实的产量和品质下降。

该虫雌成虫体长 0.2～1.3 毫米，雄成虫腹末有交尾用的抱握器。卵，初产时为乳白色，后为淡紫色，似香蕉状，有一短卵柄附着于叶上。若虫初孵时为淡黄色，扁平，长椭圆形，固定后为黑褐色。蛹，初为无色，后变为黑色且透明。

黑刺粉虱 1 年发生 4～5 代，田间世代重叠，以 2、3 龄若虫越冬。成虫于 3 月下旬～4 月上旬大量出现，并开始产卵，各代 1、2 龄若虫盛发期在 5～6 月，6 月下旬～7 月中旬，8 月下旬～9 月上旬和 10 月下旬～12 月下旬。成虫多在早晨露水未干时羽化并交配产卵。

防治方法：一是保护天敌，如刺粉虱黑蜂、斯氏寡节小蜂、黄金蚜小蜂、湖北红点唇瓢虫、草蛉等，并创造其良好的生存环境。二是合理修剪、剪除虫枝、虫叶、清除出园。三是加强测报，及时施药。越冬代成虫从初见日后 40～45 天进行第一次喷药，隔 20 天左右喷第二次，发生严重的果园各代均可喷药。药剂可选机油乳剂 150～200 倍液，10％吡虫啉可湿性粉剂 1 200～1 500 倍液，0.5％果圣水剂 750～1 000 倍液，40％乐斯本乳油 1 000～2 000 倍液，另外，也可用 90％晶体敌百虫 800 倍液或 40％乐果乳油 1 000 倍液在蛹期喷药，以减少对黑刺粉虱寄生蜂的影响。

114. 柑橘木虱对脐橙有哪些危害？怎样防治？

答：柑橘木虱是黄龙病的传病媒介昆虫，是脐橙各次新梢的重要害虫。成虫在嫩芽上吸取汁液和产卵，若虫群集在幼芽和嫩叶上为害，致使新梢弯曲，嫩叶变形。若虫的分泌物会诱发煤烟病。我国广东、广西、福建、海南、台湾均有发生，浙江、江西、湖南、云南、贵州和四川部分脐橙产区也有分布。

木虱成虫，体长约 3 毫米，体灰青色且有灰褐色斑纹，被有白粉。头顶凸出如剪刀状，复眼暗红色，单眼 3 个，橘红色。触角 10 节，末端 2 节黑色。前翅半透明，边缘有不规则黑褐色斑纹或斑点散布，后翅无色透明。足腿节粗壮，跗节 2 节，具 2 爪。腹部背面灰黑色，腹面浅绿色。雌虫孕卵期腹部橘红色，腹末端尖。卵，如芒果形，橘黄色，上尖下钝圆，有卵柄，长 0.3 毫米。若虫刚孵化时体扁平，黄白色，5 龄若虫土黄色或带灰绿色，体长 1.59 毫米。

木虱 1 年中的代数与新梢抽发次数有关，每代历时长短与气温相关。周年有嫩梢的条件下，1 年可发生 11～14 代，田间世代重叠。成虫产卵在露芽后的芽叶缝隙处，没有嫩芽不产卵，初孵的若虫吸取嫩芽汁液并在其上发育生长，直至 5 龄。成虫停息时尾部翘起，与停息面成 45°角。8℃ 以下时，成虫静止不动，14℃ 时可飞能跳，18℃ 时开始产卵繁殖。木虱多分布在衰弱树上。1 年中，秋梢受害最重，其次是夏梢，5 月的早夏梢被害后会爆发黄龙病。晚秋梢，木虱会再次发生为害高峰。

防治方法：一是做好冬季清园，通过喷药杀灭，可减少春季的虫口。二是加强栽培管理，尤其是肥水管理，使树势旺，抽梢整齐，以利统一喷药防治。三是药剂防治可选用 50％乐果 800倍液，20％速灭杀丁乳油 2 000～3 000 倍液等。

115. 星天牛、褐天牛对脐橙有哪些危害？怎样防治？

答：**(1) 星天牛** 星天牛属天牛科。在我国脐橙产区均有发生。为害柑橘、梨、桑和柳等植物。其幼虫蛀食离地面 0.5 米以内的树颈和主根皮层，切断水分和养分的输送而导致植株生长不良，枝叶黄化，严重时死树。

该虫成虫体长 19～39 毫米，漆黑色，有光泽。卵，长椭圆形，长 5～6 毫米，乳白色至淡黄色。蛹，长约 30 毫米，乳白色，羽化时黑褐色。星天牛的形态特征及被害状见图 10-12。

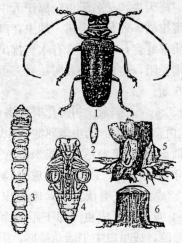

图 10-12　星天牛
1. 成虫　2. 卵　3. 幼虫　4. 蛹
5. 颈部皮层被害状　6. 根颈部木质部被害状（纵剖面）

星天牛 1 年发生 1 代，以幼虫在木质部越冬。4 月下旬开始出现，5～6 月为盛期。成虫从蛹室爬出后飞向树冠，啃食嫩枝皮和嫩叶。成虫常在晴天 9～13 时活动、交尾、产卵，中午高温时多停留在根颈部活动、产卵。5 月底～6 月中旬为其产卵盛期，卵产在离地面约 0.5 米的树皮内。产卵时，雌成虫先在树皮上咬出一个长约 1 厘米的倒"T"字形伤口，再产卵其中。产卵处因被咬破，树液流出表面而呈湿润状或有泡沫液体。幼虫孵出后即在树皮下蛀食，并向根颈或主根表皮迁回蛀食。

防治方法：一是捕杀成虫，白天 9～13 点，主要是中午在根颈附近捕杀。二是加强栽培管理，使树体健壮，保持树干光滑。三是堵塞孔洞，清除枯枝残桩和苔藓地衣，以减少产卵和除去部分卵和幼虫。四是立秋前后，人工钩杀幼虫。五是立秋和清明前后，将虫孔内木屑排除，用棉花蘸 40％乐果 5～10 倍液塞入虫孔，再用泥封住孔口，以杀死幼虫；还可在产卵盛期用 40％乐果 50～60 倍液喷洒树干树颈部。

（2）褐天牛 褐天牛，又名干虫，属于天牛科。我国脐橙产区均有发生。为害柑橘、葡萄等果树。幼虫在离地面 0.5 米左右的主干和大枝木质部蛀食，虫孔处常有木屑排出。树体受害后导致水分和养分运输受阻，出现树势衰弱，受害重的枝、干会出现枯死，或易被风吹断。

褐天牛成虫长 26～51 毫米。初孵化时为褐色。卵，椭圆形，长 2～3 毫米，乳白至灰褐色。幼虫老熟时长 46～56 毫米，乳白色，扁圆筒形。蛹，长 40 毫米左右，淡米黄色。

褐天牛两周年发生 1 代，以幼虫或成虫越冬。多数成虫于 5～7 月出洞活动。成虫白天潜伏洞内，晚上出洞活动，尤以下雨前闷热夜晚 8～9 点最盛。成虫产卵于距地面 0.5 米以上的主干和大枝的树皮缝隙，成虫以中午活动最盛，阴雨天多栖息于树枝间；产卵以晴天中午为多，产于嫩绿小枝分叉处或叶柄与小枝交叉处。6 月中旬～7 月上旬为卵孵化盛期。幼虫先向上蛀食，至小枝难容虫体时再往下蛀食，引起小枝枯死。

防治方法：一是树上捕捉天牛成虫，时间傍晚，尤以雨前闷热傍晚 8~9 点钟最佳。二是其他防治方法参照星天牛。三是啄木鸟是天牛最好的天敌。

除星天牛、褐天牛外，还有光盾绿天牛等。

116. 恶性叶甲、潜叶甲对脐橙有哪些危害？怎样防治？

答：**(1) 恶性叶甲** 又名柑橘恶性叶甲、黑叶跳虫、黑蛋虫等。国内脐橙产区均有分布。寄主仅限柑橘类。以幼虫和成虫为害嫩叶、嫩茎、花和幼果。

该虫成虫，体长椭圆形，雌虫，体长 3.0~3.8 毫米，体宽 1.7~2.0 毫米，雄虫略小。头、胸及鞘翅为蓝黑色，有光泽。卵，长椭圆形，长约 0.6 毫米，初为白色，后变为黄白色，近孵化时为深褐色。幼虫共 3 龄，末龄体长 6 毫米左右。蛹，椭圆形，长约 2.7 毫米，初为黄色，后变为橙黄色。恶性叶甲虫体及危害见图 10-13。

浙江、四川、贵州等地 1 年发生 3 代，福建发生 4 代，广东发生 6~7 代。以成虫在腐朽的枝干中或卷叶内越冬。各代幼虫发生期 4 月下旬~5 月中旬，7 月下旬~8 月上旬和 9 月中下旬，以第一代幼虫为害春梢最严重。成虫散居，

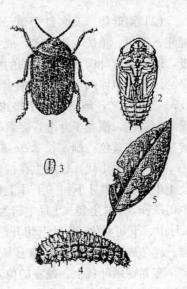

图 10-13 恶性叶甲

1. 成虫 2. 蛹 3. 卵

4. 幼虫 5. 幼虫危害叶片状

活动性不强，非过度惊扰不跳跃，有假死习性。卵多产于嫩叶背面或叶面的叶缘及叶尖处，绝大多数 2 粒并列。幼虫喜群居，孵化前后在叶背取食叶肉，留有表皮，长大一些后则连表皮食去，被害叶呈不规则缺刻和孔洞。树洞较多的脐橙园，为害较重。高温是抑制该虫的重要因子。

防治方法：一是消除有利其越冬、化蛹的场所。用松碱合剂杀灭地衣和苔藓，浓度，春季发芽前用 10 倍液，秋季用 18～20 倍液；清除枯枝、枯叶、霉桩，树洞用石灰或水泥堵塞。二是诱杀虫蛹。老熟成虫开始下树化蛹时用带有泥土的稻根放置在树杈处，或在树干上捆扎涂有泥土的稻草，诱集化蛹，在成虫羽化前取下烧毁。三是初孵幼虫盛期药剂防治，选用 2.5％溴氰菊酯乳油，20％氰戊菊酯乳油 2 500～3 000 倍液，90％晶体敌百虫 800～1 000 倍液等。

(2) 潜叶甲 又名红金龟子等。脐橙产区有发生，以浙江、福建、四川、重庆发生较多。成虫在叶背取食叶肉，仅留叶面表皮，幼虫蛀食叶肉成长形弯曲的隧道，使叶片萎黄脱落。

该虫成虫卵圆形，背面中央隆起，体长 3.0～3.7 毫米，宽 1.7～2.5 毫米，雌虫略大于雄虫。卵，椭圆形，长 0.68～0.86 毫米，黄色，横黏于叶上，多数表面附有褐色排泄物。幼虫共 3 龄。全体浓黄色。蛹，长 3.0～3.5 毫米，淡黄至浓黄色。

每年发生 1 代，以成虫在树干上的地衣、苔藓下、树皮裂缝及土中越冬。3 月下旬～4 月上旬越冬成虫开始活动，4 月上、中旬产卵，4 月上旬～5 月中旬为幼虫为害期，5 月上中旬化蛹，5 月中、下旬羽化，5 月下旬开始越夏。成虫喜群居，跳跃能力强。越冬成虫恢复活动后取食嫩叶、叶柄和花蕾。卵，单粒散产，多黏在嫩叶背上。蛹室的位置均在主干周位 60～150 厘米的范围内，入土深度 3 厘米左右。

防治方法：与防治恶性叶甲同。

117. 潜叶蛾对脐橙有哪些危害？怎样防治？

答：潜叶蛾，又名绘图虫，属潜蛾科。我国脐橙产区均有发生，且以长江以南产区受害最重。主要为害脐橙的嫩叶嫩枝，果实也有少数危害。幼虫潜入表皮蛀食，形成弯曲带白色的虫道，使受害叶片卷曲、硬化、易脱落。受害果实易烂。

潜叶蛾成虫体长约2毫米，翅展5.5毫米左右，身体和翅均匀白色，卵，扁圆形，长0.3～0.36毫米，宽0.2～0.28毫米，无色透明，壳极薄。幼虫黄绿色。蛹，呈纺锤状，淡黄至黄褐色。潜叶蛾虫体及危害见图10-14。

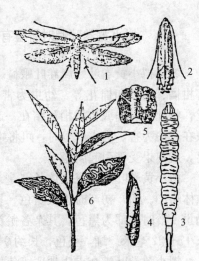

图10-14 潜叶蛾
1.成虫 2.成虫休止状 3.卵
4.蛹 5.卵 6.枝叶被害状

潜叶蛾1年发生10多代，以蛹或老熟幼虫越冬。气温高的产区发生早、为害重，我国脐橙产区4月下旬见成虫，7～9月为害夏、秋梢最甚。成虫多于清晨交尾，白天潜伏不动，晚间将卵散产于嫩叶叶背主脉两侧。幼虫蛀入表皮取食。田间世代重叠，高温多雨时发生多，为害重。秋梢为害重，春梢受害少。

防治方法：一是冬季、早春修剪时剪除有越冬幼虫或蛹的晚秋梢，春季和初夏摘除零星发生的幼虫或蛹。二是采用控肥水和抹芽放梢，在夏、秋梢抽发期，先控制肥水，抹除早期抽生的零星嫩梢，在潜叶蛾卵量下降时，供给肥水，集中放梢，配合药剂防治。三是药剂防治，在新梢大量抽发期，芽长 0.5～2 厘米时，防治指标为嫩叶受害率 5% 以上，喷施药剂，7～10 天 1 次，连续 2～3 次。药剂可选择 1.8% 阿维菌素 2 000～3 000 倍液，5% 农梦特乳油 1 000～2 000 倍液，10% 吡虫啉 1 200～1 500 倍液等，25% 除虫脲可湿性粉剂 1 500～2 000 倍液，10% 氯氰菊酯乳油 2 500～3 000 倍液，2.5% 氟氯氰菊酯乳油 3 000～4 000 倍液，20% 甲氰菊酯乳油 2 000～3 000 倍液等。

118. 拟小黄卷叶蛾对脐橙有哪些危害？怎样防治？

答：拟小黄卷叶蛾属卷叶蛾科。在我国脐橙产区有发生。为害柑橘、荔枝和棉花等。幼虫为害嫩叶、嫩梢和果实，还常吐丝，将叶片卷曲或将嫩梢黏结在一起，将果实和叶黏结在一起，藏在其中为害。为害严重时，可将嫩枝叶吃光。幼果受害大量脱落，成熟果受害引起腐烂。

拟小黄卷叶蛾雌成虫体长 8 毫米，黄色，翅展 18 毫米；雄虫体略小。卵，初产时为淡黄色，呈鱼鳞状排列成椭圆形卵块。幼虫 1 龄时头部为黑色，其余各龄为黄褐色，老熟时为黄绿色，长 17～22 毫米。蛹，褐色，长约 9～10 毫米。

拟小黄卷叶蛾在重庆地区 1 年发生 8 代，以幼虫或蛹越冬。成虫于 3 月中旬出现，随即交配产卵，5～6 月为第二代幼虫盛期，系主要为害期，导致大量落果。成虫白天潜伏在隐蔽处，夜晚活动。卵多产树体中、下部叶片。成虫有趋光性和迁移性。幼虫遇惊后可吐丝下垂，或弹跳逃跑，或迅速向后爬行。

防治方法：一是保护和利用天敌。在 4～6 月卵盛发期每667 米² 释放松毛虫赤眼蜂 2.5 万头，每代放蜂 3～4 次。同时保护核多角体病毒和其他细菌性天敌。二是冬季清园时，清除枯枝落叶、杂草，剪除带有越冬幼虫和蛹的枝叶。三是生长季节巡视果园随时摘除卵块和蛹，捕捉幼虫和成虫。四是成虫盛发期在脐橙园中安装黑光灯或频振式杀虫灯诱杀，每 1 公顷安装 40 瓦黑光灯 3 只；也可用 2 份糖，1 份黄酒，1 份醋和 4 份水配制成糖醋液诱杀。五是幼果期和 9 月份前后幼虫盛发期可用药物防治，药剂可选择 2.5％功夫或 20％中西杀灭菊酯 2 500～3 000 倍液，1.8％阿维菌素 2 500～3 000 倍液，25％除虫脲可湿性粉剂 1 500～2 000 倍液，90％晶体敌百虫 800～1 000 倍液，2.5％溴氰菊酯乳油 2 500～3 000 倍液等。

119. 夜蛾对脐橙有哪些危害？怎样防治？

答：危害脐橙的夜蛾有枯叶夜蛾、嘴壶夜蛾、鸟嘴壶夜蛾等。

(1) 枯叶夜蛾 枯叶夜蛾在我国脐橙产区均有发生，在四川、重庆危害重。属夜蛾科，危害柑橘、桃和芒果等。成虫吸食果实汁液，受害果表面有针刺状小孔，刚吸食后的小孔有汁液流出，约 2 天后果皮刺孔处海绵层出现直径 1 厘米的淡红色圆圈，以后果实腐烂脱落。

成虫体长 35～42 毫米，翅展约 100 毫米。卵，近球形，直径约 1 毫米，乳白色。幼虫老熟时长 60～70 毫米，紫红或褐色。蛹，长约 30 毫米，为赤色。

该虫 1 年发生 2～3 代，以成虫越冬。田间 3～11 月可见成虫，以秋季最多。晚间交尾，卵产于通草等幼虫寄主。

防治方法：一是连片种植，避免早、中、晚熟品种混栽。二是夜间人工捕捉成虫。三是去除寄主木防己和汉防己植物。四是灯光诱杀。可安装黑光灯、高压汞灯或频振式杀虫灯。五是拒避，每树用 5～10 张吸水纸，每张滴香茅油 1 毫克，傍晚时挂于树冠周围；或用塑料薄膜包萘丸，上刺数个小孔，每株挂 4～5 粒。六是果实套袋。七是利用赤眼蜂天敌防治。八是药剂防治可选用 2.5％功夫乳油 2 000～3 000 倍液等。

(2) 嘴壶夜蛾 嘴壶夜蛾又名桃黄褐夜蛾，属夜蛾科。分布为害症状同枯叶夜蛾。

成虫体长 17～20 毫米，翅展 34～40 毫米，雌虫前翅紫红色，有 "N" 字形纹。雄虫赤褐色，后翅褐色。卵，为球形，黄白色，直径 0.7 毫米。老熟幼虫长 44 毫米，漆黑色。蛹，为红褐色。

1 年发生 4 代，以幼虫或蛹越冬。田间世代重叠，在 5～11 月均可见成虫。卵散产于十大功劳等植物上，幼虫在其上取食，成虫 9～11 月间为害果实，尤以 9～10 月为甚。成虫白天潜伏，黄昏进园为害，以 20～24 时最多。早熟果受害重。喜食健果，很少食腐烂果，山地果园受害重。

防治方法：铲除寄主十大功劳等植物，其余与枯叶夜蛾相同。

(3) 鸟嘴壶夜蛾 我国脐橙产区均有发生，除为害柑橘外，还可为害苹果、葡萄、梨、桃、杏、柿等果树的果实。

成虫体长 23～26 毫米，翅展 49～51 毫米，卵，扁球形，直径 0.72～0.75 毫米，高约 0.6 毫米，卵壳上密布纵纹，初产时黄白色，1～2 天后变灰色；幼虫共 6 龄，初孵时灰色，后变为绿色，老熟时灰褐色或灰黄色，似枯枝，体长 46～60 毫米。蛹体长 17.6～23 毫米，宽 6.5 毫米，暗褐色。

中、北亚热带 1 年发生 4 代，以幼虫和成虫越冬，卵多散产于果园附近背风向阳处木防己的上部叶片或嫩茎上。成虫为害脐橙 9 月下旬至 10 月中旬的第四个高峰。成虫有明显的趋光性、趋化性（芳香和甜味），略有假死，赤眼蜂是其天敌。

防治方法：与枯叶夜蛾相同。

120. 柑橘凤蝶对脐橙有哪些危害？怎样防治？

答：柑橘凤蝶又名黑黄凤蝶，属凤蝶科。我国脐橙产区均有发生。为害柑橘、山椒等，幼虫将嫩叶、嫩梢食成缺刻。

该虫成虫，分春型和夏型。春型，体长 21～28 毫米，翅展 70～95 毫米，淡黄色。夏型，体长 27～30 毫米，翅展 105～108

专家为您答疑丛书 □□□□□□□

毫米。卵，圆球形，淡黄至褐色。幼虫初孵出时为黑色鸟粪状，老熟幼虫体长 38～48 毫米，为绿色。蛹，近菱形，长30～32 毫米，为淡绿色至暗褐色。柑橘凤蝶虫体及危害见图10-15。

1 年发生 3～6 代，以蛹越冬。3～4 月羽化的为春型成虫，7～8 月羽化的为夏型成虫，田间世代重叠。成虫白天交尾，产卵于嫩叶背或叶尖。幼虫遇惊时，即伸出臭角发出难闻气味，以避敌害。老熟后即吐丝作垫头，斜向悬空化蛹。

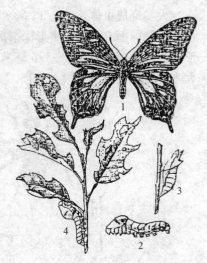

图 10-15　柑橘凤蝶
1. 成虫　2. 幼虫　3. 蛹
4. 危害状及产于叶上的卵

防治方法：一是人工摘卵或捕杀幼虫。二是冬季清园除蛹。三是保护天敌凤蝶金小蜂、凤蝶赤眼蜂和广大腿小蜂，或蛹的寄生天敌。四是为害盛期药剂防治，药剂可选 Bt 制剂（每克 100 亿个孢子）200～300 倍液，10％吡虫啉可湿性粉剂 1 200～1 500 倍液，25％除虫脲可湿性粉剂 1 500～2 000 倍液，10％氯氰菊酯乳油 2 000～3 000 倍液，25％溴氰菊酯乳油 1 500～2 000 倍液，0.3％苦参碱水 200 倍液，90％晶体敌百虫 800～1 000 倍液。

121. 大实蝇对脐橙有哪些危害？怎样防治？

答：大实蝇其幼虫又名柑蛆，属实蝇科。受害果叫蛆柑。我国四川、重庆、湖北、贵州、云南等脐橙产区有少量或零星为害。成虫产卵于幼果内。幼虫蛀食果肉，使果实出现未熟先黄，黄中带红现象，最后腐烂脱落。

　　大实蝇成虫体长 12～13 毫米，翅展 20～24 毫米。身体褐黄色，中胸前面有"人"字形深茶褐色纹。卵，为乳白色，长椭圆形，中部微弯，长 1.4～1.5 毫米。蛹，黄褐色，长 9～10 毫米。大实蝇虫体及危害见图 10-16。

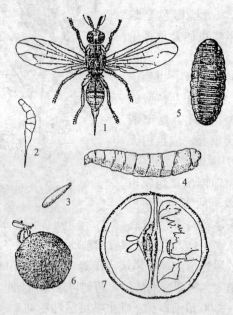

图 10-16　大实蝇
1. 雌成虫　2. 雌成虫腹部侧面　3. 卵　4. 幼虫
5. 蛹　6. 幼果被害状　7. 被害果纵剖面

　　1 年发生 1 代，蛹在土中越冬。4 月下旬出现成虫，5 月上旬为盛期，6 月～7 月中旬进入果园产卵，6 月中旬为盛期，7～9 月孵化为幼虫，蛀果为害。受害果 9 月下旬～10 月下旬脱落，幼虫随落果至地，后脱果入土中化蛹。成虫多在晴天中午出土。成虫产卵在果实脐部，产卵处有小刺孔，果皮由绿变黄。阴山湿润的果园和蜜源多的果园受害重。

　　防治方法：一是严格实行检疫，禁止从疫区引进果实和带土苗木等。二是摘除受害幼果，并煮沸深埋，以杀死幼虫。三是冬季深翻土壤，杀灭蛹和幼虫。四是幼虫脱果时或成虫出土时，用 65%辛硫磷 1 000 倍液喷施地面，杀死成虫，每 7～10 天 1 次，连续 2 次。成虫入园产卵时，用 2.5%溴氰菊酯或 20%中西杀灭菊酯 3 000～4 000 倍液加 3%红糖液，喷施 1/3 植株树冠，每 7～10 天 1 次，连续 2～3 次。五是辐射处理。在室内饲养大实蝇，用 γ 射线处理雄蛹，将羽化的雄成虫释放到田间与野外的雌成虫交配受精并产卵，但卵不会孵化，以达防治之目的。墨西哥 20 世纪 70 年代即用此项技术防治果实蝇效果显著。

122. 小实蝇对脐橙有哪些危害？怎样防治？

答：小实蝇又名东方实蝇、黄苍蝇或果蛆，是国内外植物检疫对象。我国广东、广西、福建、湖南、云南和台湾有发生。

小实蝇危害主要是幼虫在果实内蛀食，形成蛆柑腐烂，引起早期落果，减产，甚至造成严重损失。

小实蝇成虫体长 6～9 毫米，翅展约 16 毫米，深黑色。胸部黄色，长有黑色和黄色的短毛。腹由部 5 节组成，呈赤黄色，有丁字形黑斑。雄成虫较雌成虫小。卵，肾脏形，极小，淡黄色。幼虫黄白色至淡黄色，体圆锥形，前端小而尖，口钩黑色，善弹跳。共 3 龄。蛹，淡黄色至褐色。

小实蝇年发生 5～8 代，主要以蛹越冬，在 15℃ 以下，33℃ 以上不能羽化。云南华宁等地的脐橙园成虫全年可发生，4～11 月出现 2～4 个高峰，其后数量渐减。

小实蝇宜采取综合防治措施：一是实行检疫，严禁疫区被害果、种子和带土苗木传入，一旦发现立即烧毁。二是诱杀，用小实蝇性引诱剂——甲基丁香酚原液加少量敌百虫或敌敌畏的诱捕器，诱杀雄蝇。三是药剂防治。5～11 月成虫盛发期，树冠用 80%敌敌畏乳油或 90%晶体敌百虫 800～1 000 倍液，或 20%扫灭利乳油等拟除虫菊酯类 2 000～2 500 倍液喷布。四是冬季深翻土壤灭蛹，成、幼虫发生期和果实成熟期及时摘除被害果和捡拾成熟的落地果，进行深埋、水煮或火烧进行灭杀，还可在幼果期成虫未产卵前对果实套袋，以减少危害。

123. 花蕾蛆对脐橙有哪些危害？怎样防治？

答：花蕾蛆，又名橘蕾瘿蝇，属瘿蚊科。我国脐橙产区均有发生。仅为害柑橘。成虫在花蕾直径2～3毫米时，将卵从其顶端产入花蕾中，幼虫孵出后食害花器，使其成为黄白色不能开放的灯笼花。

该虫雌成虫长1.5～1.8毫米，翅展2.4毫米，暗黄褐色，雄虫略小。卵，长椭圆形，无色透明。幼虫长纺锤形，橙黄色，老熟时长约3毫米。蛹，纺锤形，黄褐色，长约1.6毫米。花蕾蛆虫体及危害见图10-17。

1年发生1代，个别发生2代，以幼虫在土壤中越冬。脐橙现蕾时，成虫羽化出土。成虫白天潜伏，晚间活动，将卵产在子房周围。幼虫食害后使花瓣变厚，花丝花药成黑色。幼虫在花蕾中约10天，即弹入土壤中越夏越冬。阴湿低洼荫蔽的脐橙园、砂土及砂壤土有利其发生。

防治方法：一是幼虫入土前，摘除受害花蕾，煮沸或深埋。二是成虫出土时进行地面

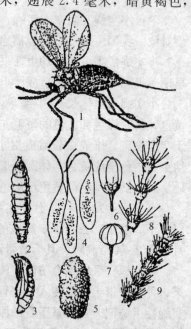

图10-17　花蕾蛆
1.雌成虫 2.幼虫 3.蛹 4.卵
5.茧 6.正常花蕾 7.被害花蕾
8.雄虫触角 9.雌虫触角

喷药，即当花蕾直径2～3毫米时，用50％辛硫磷1 000～2 000倍液、20％中西杀灭菊酯或溴氰菊酯2 500～3 000倍液喷施地面，每7～10天1次，连喷2次。三是成虫已开始上树飞行，但尚未大量产卵前，用药喷树冠1～2次，药剂可选：80％敌敌畏乳油1 000倍液和90％晶体敌百虫800倍的混合液或40％乐斯本2 000倍液，或75％灭蝇胺可湿性粉剂5 000倍液；四是成虫出土（即花蕾显白）前，用地膜覆盖。全面覆盖土壤，提高土温，加速虫态发育，提前羽化出土，将成虫杀死在地膜下，防止其上树产卵。谢花后揭膜，地膜可连续使用多年或另作别用。

124. 黑蚱蝉对脐橙有哪些危害？怎样防治？

答：黑蚱蝉又名知了、蚱蝉，属同翅目、蝉科。我国重庆、湖北和三峡库区等不少脐橙产区均有危害。黑蚱蝉食性很杂，除危害柑橘外还危害柳和楝树等植物，其成虫的采卵器将枝条组织锯成锯齿状的卵巢，产卵其中，枝条因被破坏使水分和养分输送受阻而枯死。被产卵的枝梢多为有果枝或结果母枝，故其为害不仅对当年产量，而且对翌年花量都会有影响。

黑蚱蝉成虫雄体长44～48毫米，雌体长38～44毫米，黑色或黑褐色，有光泽，被金色细毛，复眼突出，淡黄褐色，触角刚毛状，中胸发达，背面宽大，中央高并具"X"形突起。雄虫腹部1～2节有鸣器，能鸣叫，翅透明，基部1/3为黑色，前足腿节发达，有刺。雌虫无鸣器，有发达的产卵器和听觉器官。卵，细长，乳白色，有光泽，长2.5毫米。末龄若虫体长35毫米，黄褐色。

黑蚱蝉12～13年才完成1代，以卵在枝内或以若虫在土中越冬。一般气温达22℃以上，进入梅雨期后，成虫大量羽化出土，6～9月，尤以7～8月为甚。晴天中午或闷热天气成虫活动最盛。成虫寿命60～70天，7～8月交配产卵，卵多产在树冠外

围 1～2 年生枝上，1 条枝上通常有卵穴 10 余个，每穴有卵 8～9
粒。每只雌成虫可产卵 500～600 粒，卵期约 10 个月。若虫孵出
后即入土中吸食植物根部汁液，秋凉后即深入土中，春暖后再上
移为害。若虫在土中生活，10 多年，共蜕皮 5 次。老熟若虫在
6～8 月的每日傍晚 8～9 点出土爬上树干或大枝，用爪和前足的
刺固着在树皮上，经数小时蜕皮变为成虫。

　　防治方法：一是在若虫出土期，每日傍晚 8～9 点，在树干、
枝上人工捕捉若虫。二是冬季翻土时杀灭部分若虫。三是结合夏
季修剪，剪除被为害、产卵的枝梢，集中烧毁。四是成虫出现后
用网或黏胶捕杀，或夜间在地上举火后再摇树，成虫即会趋光
扑火。

125.　金龟子对脐橙有哪些危害？怎样防治？

　　答：我国部分脐橙产出有金龟子为害。常见的金龟子有花潜
金龟子、铜绿金龟子、红脚绿金龟子和茶色金龟子等。

　　金龟子食性杂，主要以成虫取食叶片，也有为害花和果实
的。发生严重时将嫩叶吃光，严重影响产量。幼虫为地下害虫，
为害幼嫩多汁的嫩根。

　　常见的花潜金龟子，成虫体长 11～16 毫米，宽 6～9 毫米，
体型稍狭长，体表散布有众多形状不同的白绒斑，头部密被长茸
毛，两侧嚼点较粗密。鞘翅狭长，遍布稀疏弧形刻点和浅黄色长
绒毛，散布众多白绒斑。腹部光滑，稀布刻点和长茸毛，1～4
节两侧各有 1 个白绒斑。卵，白色，球形，长约 1.8 毫米。老熟
幼虫体长 22～23 毫米，头部暗褐色，上颚黑褐色，腹部乳白色。
蛹，体长约 14 毫米，淡黄色，后端橙黄色。

　　其他金龟子形态大同小异，此略。

　　花潜金龟子 1 年发生 1 代，以幼虫在土壤中越冬，越冬幼虫
于 3 月中旬～4 月上旬化蛹，稍后羽化为成虫，4 月中旬～5 月

中旬是成虫活动为害盛期。成虫飞翔能力较强，多在白天活动，尤以晴天最为活跃，有群集和假死习性，为害以上午 10 点至下午 4 点最盛。常咬食花瓣、舐食子房，影响受精和结果，也可啃食幼果表皮，留下伤痕。成虫喜在土中、落叶、草地和草堆等有腐殖质处产卵，幼虫在土中生活并取食腐殖质和寄主植物的幼根。

防治方法：金龟子可用诱杀、药杀、捕杀成虫和冬耕土壤时杀灭幼虫、成虫等方法。一是诱杀。利用成虫有明显的趋光性，可设置黑光灯或频振式杀虫灯在夜间诱杀。利用成虫群集的习性，可用瓶口稍大的浅色透明玻璃瓶，洗净用绳子系住瓶颈，挂在脐橙树上，使瓶口与树枝距离在 2 厘米左右，并捉放 2～3 头活金龟子于瓶中，使园中金龟子陆续飞过来，钻入瓶中而不能出来。通常隔 3～4 株挂 1 只瓶，金龟子快满瓶时取下，用热水烫死，瓶洗净可再用。也可用一端留竹节，长 40～50 厘米的竹筒，在筒底放 1～2 个腐果，加少许糖蜜，挂在树上。悬挂时筒口要与枝干相贴，金龟子成虫闻腐果和蜜糖气味会爬入筒中，但难以爬出而杀灭之。二是药杀。成虫密度大时，可进行树冠喷药，药剂可选择 90％晶体敌百虫或 80％敌敌畏乳油 800 倍液喷施。三是捕杀。针对成虫有假死性，可在树冠下铺塑料（或旧布），也可放一加有少许煤矿油或洗衣粉的水盆，握摇树枝，收集落下的金龟子杀灭。此外，果园中养鸡，捕食金龟子效果也明显。四是冬耕。利用冬季翻耕果园时杀死土壤中的幼虫和成虫。如结合施辛硫磷（每公顷 3.5～4 千克），效果会更好。五是在地上举火后摇动树，成虫趋光扑火而灭。

126. 蜗牛对脐橙有哪些危害？怎样防治？

答：蜗牛又名螺丝、狗螺螺等，属软体动物门、腹足纲、有肺目、大蜗牛科。我国大部分脐橙产区均有分布，其食性很杂，能为害脐橙干、枝的树皮和果实。枝的皮层被咬食后使枝条干枯，果实的果皮和果肉遭其食害后，引起果实腐烂脱落，直接影响果实产量和品质。

蜗牛成体体长约 35 毫米，体软，黄褐色，头上有两个触角，体背有 1 个黄褐色硬质螺壳。卵，白色，球形，较光亮，孵化前土黄色。幼体较小，螺壳淡黄色，形体和成体相似。

蜗牛 1 年发生 1 代，以成体或幼体在浅土层或落叶下越冬，壳口有一白膜封住。3 月中旬开始活动，晴天白天潜伏，晚上活动，阴雨天则整天活动，刮食枝、叶、干和果实的表皮层和果肉，并在爬行后的叶片和果实表面留下一层光滑黏膜。5 月份成体在根部附近疏松的湿土中产卵，卵表面有黏膜，许多卵产在一起，开始是群集为害，后来则分散取食。低洼潮湿的地区和季节发生多、为害重。干旱时则潜伏在土中，11 月入土越冬。

防治方法：一是人工捕捉，发现蜗牛为害时立即不分大小一律捕杀。养鸡、鸭啄食。二是在蜗牛产卵盛期中耕松土进行曝卵，可以消灭大批卵粒。为害盛期在果园堆放青草或鲜枝叶，可诱集蜗牛进行捕杀。三是早晨或傍晚，用石灰撒在树冠下的地面上或全园普遍撒石灰 1 次，每 667 米² 20～30 千克，连续两次可将蜗牛全部杀死。

127. 洗衣粉在脐橙病虫害防治中有何妙用？

答：洗衣粉主要成分是烷基磺酸钠，它可以防治脐橙的某些害虫，与有的农药混用能提高杀虫效力，并能延缓害虫抗药性，现根据相关综合报道介绍如下：

(1) 单独使用 浙江陈卫民介绍，洗衣粉 1 000 倍液喷布叶背、嫩枝，经 1～2 天，蚜虫、粉虱、红蜘蛛、尺蠖、刺蛾等害虫死亡率可达 100%。对介壳虫用 500 倍液喷布，3 天 1 次，连喷 3 次，杀灭率可达 94%～99.4%。在红蜡蚧和吹绵蚧若虫期用 100～150 倍液，防效良好。

（2）与柴油混用 与柴油（轻柴油）混合成的柴油乳剂具有强烈触杀作用，是高效杀螨、杀虫剂。用洗衣粉 1 千克加水 200 千克，再加轻柴油 200 毫升混合即成洗衣粉柴油乳剂 200 倍液。具体配制时，先将洗衣粉用少量温水溶解，然后加足水量，拌匀后再加入柴油，并作充分搅拌，全部乳化后即可使用。注意随配随用，久置会析出柴油，对脐橙产生药害。洗衣粉柴油乳剂对蚜虫防效可达 96%，与瑞士产柴油乳剂 200 倍液效果相近，防治红蜘蛛平均效果也达 76.5%，仅次于化学农药。此外，该药对煤烟病、锈壁虱也有防效。用洗衣粉、柴油、水 3：5：1 000 的柴油乳剂防治越冬代红蜘蛛和锈壁虱效果也好。

有报道，用乐果 600 倍液、洗衣粉 200 倍液和洗衣粉柴油乳剂（合成洗衣粉 200～220 倍液＋0.1% 0 号柴油）喷布，一天后检查红蜘蛛死亡率：乐果 23.5%、洗衣粉 66.7%、洗衣粉柴油乳剂 96.3%，但未杀死卵，为能杀卵，增加柴油用量，用合成洗衣粉、0 号柴油、水 1：0.3：200 的洗衣粉柴油乳剂喷布，5 天后观察，成、幼虫死亡率达 100%，且虫卵死亡率也达 100%。对叶片、果实无药害，同时对其他害虫如凤蝶也有防治效果。

（3）与化学农药混用 在 90% 晶体敌百虫 800～1 000 倍液中加入 0.2% 洗衣粉，可提高对卷叶蛾、凤蝶、金龟子的杀虫效果；在柴油乳剂（工业生产）稀释液中加入 0.1% 的洗衣粉对蚜虫的死亡率均高于对照，100、150 和 200 倍液分别为 97.2%、89.7%、87.8%、81.1%、70.7%、68%。

（4）与尿素混用 用洗衣粉 0.5 千克、尿素 2 千克和清水 200 千克配制，充分搅匀用作根外追肥时，还可起防治害虫的作用。其机理是尿素能破坏蚜虫体表的几丁质，使其降低甚至丧失对不良环境的抵御力；当洗衣粉液接触蚜虫体表后，能很快形成一层隔离性薄膜，使蚜虫窒息而死。

（5）作为助剂使用　在青虫菌或杀螟杆菌等黏着力较差的药液中，加入 0.1%～0.2% 的洗衣粉，可增加黏着力，提高防效。在杀螟杆菌 1 000～1 500 倍液中加 0.1% 洗衣粉，可提高对刺蛾类害虫的防效。使用青虫菌、洗衣粉、水的 1∶1∶2 000 的混合液，对防治尺蠖的 3、4 龄以上幼虫效果较好。柴油乳剂 100 倍液中，加入 0.1% 洗衣粉，可延缓分离时间达 80 分钟左右。

洗衣粉原料易得，成本低，使用方便，对人、畜无害，对天敌杀伤力小，又因其分散性和展着性较好，用药量可较一般农药少。使用时注意叶片正反面均匀喷布、触杀虫体，才有好的防效。春秋或冬季气温不高时使用，既有较好的防效，又安全。

128. 怎样进行脐橙的环保型病虫害防治？

答：脐橙病虫害的防治，是一个复杂的过程，在进入世纪环保的今天，既要防治病虫为害，又要注重环境的有效保护。因此，各脐橙产区，应大力提倡"环保型植物保护"的理念，抓住脐橙产区病虫害的优势种群，采用一些基础性的农药品种和防治手段，做好病虫害的有效防治十分必要。

如浙江脐橙产区黄振东、陈国庆等提出，将害螨（橘全爪螨和橘锈螨）、盾蚧类害虫（矢尖蚧、糠片蚧、褐圆蚧、红圆蚧、黄圆蚧、长白蚧等）、果面病害（疮痂病、炭疽病、黑点病、黑斑病、黄斑病等）三大类病虫害作为全省病虫害的优势种群（各县、市可另加一些局部性、季节性严重为害的病虫害），选用矿物油类、杀螨剂（克螨特、三唑锡和其他阿维菌素复配的杀螨剂）、杀蚧剂（速扑杀或杀扑磷、优乐得或扑虱灵、石硫合剂、松碱合剂等）、杀菌剂（大生等代森锰锌类、波尔多液等铜制剂）四大类药剂约十余种，形成所谓"三、四、十"脐橙病虫标准化、省力化的防治模式。

同时根据脐橙生长期来区分病虫害的防治对象和所使用的药剂。

春梢期包括萌芽开始到春梢生长。时间3月上旬～5月上、中旬。主要病虫害有疮痂病、全爪螨（红蜘蛛）、蚜虫类等3种，推荐使用的药剂杀菌剂有波尔多液等铜制剂、大生等代森锰锌类、矿物油类药剂如绿颖等或阿维菌素等复配的杀螨剂，如考虑药剂的混合使用，不选用波尔多液，可选用噻菌铜、绿菌灵等有机铜药剂。

幼果期，从花全部开放至幼果期。主要防治果面病虫害和贮藏期的蒂腐病，继续防治全爪螨、蚜虫以及长白蚧、矢尖蚧等幼蚧期的盾蚧类害虫，选用的药剂有大生等杀菌剂、绿颖等矿物油类杀虫剂或阿维菌素、扑虱灵等复配剂混合使用。

果实膨大期，7月上、中旬～9月底，重点防治各种果面病害、盾蚧类害虫、螨类中的锈螨，选用的药剂大生等代森锰锌类、绿颖等矿物油类杀虫剂或速扑杀、扑虱灵等有机磷复配剂。

果实成熟期，10月上旬至脐橙果实采收，防治的重点锈螨、全爪螨、果面盾蚧类害虫、果面各种病害的扩大，选用的药剂以矿物油类杀虫剂（兼有增加果面亮度），杀菌剂有大生等代森锰锌类药剂。

休眠期，采果后至翌年萌芽前，防治重点是越冬的全爪螨，各种介壳虫和越冬的各种病害。防治方法以农业防治为主，萌芽前剪除病虫枝并烧毁，化学防治选用药剂克螨特、矿物油类杀虫剂，如机油乳剂、绿颖、石硫合剂、松脂合剂等。

129. 怎样减少脐橙果实中的农药残留？

答：根据医学研究标明，在致癌因素中，环境因素占80%，在环境因素中，有毒化学物质污染约占80%，而有毒化学物质中，有毒有机物（主要是农药）约占95%以上。柑橘（脐橙）上农药残留现象也十分严重。2003—2004年，农业部柑橘及苗木质量监督检验测试中的对四川、重庆、云南等南方10个省

（直辖市、自治区）的脐橙、锦橙、椪柑、温州蜜柑、柚等 20 多个主栽品种成熟鲜果，共 99 个样品抽样检验。结果显示，农药残留检出率 85.7%，按 GB18406.2—2001《农产品安全质量无公害安全要求》判定，超标率达 30.3%。

减少脐橙果实中农药残留，除国家和相关部门建立起完善的果品防治污染的法规和政策体系，进一步完善果品安全质量监控体系，实行果品安全的市场准入制度外，应采取如下对策。

(1) 采用农业、物理、生物的方法防治脐橙病虫害

①农业防治：农业防治是最经济、安全、有效的病虫害防治方法。既要创造有利于脐橙果树生长发育的条件，使其生长健壮，增强对病虫害的抗性，又要不利于有害生物活动、繁衍，从而控制病虫害发生、蔓延的目的。具体措施有：一是选用抗病虫性强的品种。二是培育和利用无病虫、无病毒材料，培育无病虫、无病毒健壮苗，严把检疫关，控制病虫害的人为传播。三是清洁果园。清除果园病虫源和残体，深耕除草，杀灭害虫，加强冬季清园。四是加强管理。采取合理施肥，科学修剪，疏花疏果，果实套袋，及时排水、深翻果园等农业措施，增强树势，减轻病虫害的发生。五是定期搞好测报，将病虫防治在萌芽状态。

②物理防治：物理防治主要是根据病虫的某种生物学特性，辅以较简单的机械或措施，直接将病虫害消灭。最常用的有捕杀、诱杀、果实套袋、树干刷白等。

③生物防治：即利用自然天敌或在脐橙园大量释放天敌，以虫治虫，以菌治病虫，利用昆虫激素诱杀昆虫等方式达到防治病虫的目的。同时要注意保护环境的生态多样性，以利天敌繁殖。

(2) 推广应用生物农药和植物农药 生物、植物农药使用后无污染、无残留，是有效、安全的无公害农药。应用较多的生物杀虫杀菌剂，如 Bt、阿维菌素、农抗 120 等；应用较多的植物杀虫剂，如除虫菊、烟碱、苦参碱等；应用较多的生长调节剂，如苄基腺嘌呤（BA）、赤霉素（GA）等。但这些农药、生长调节剂要严格按规定浓度和时期使用。

(3) 科学、合理、安全使用化学农药　使用化学农药应坚持八要：一要对症下药。二要适时用药，达到防治指标的及时喷药，本着治早、治小。三要利用有害生物与天敌在生物学和生态习性上的差异和专性农药具有选择杀伤作用的特点，针对性首选专性农药防治病虫害。四要适量用药，按农药说明书推荐的使用方法、浓度、次数、用量进行用药。同时，能不用药尽量不用药，能挑治不用普治。五要坚决禁用高毒、高残留农药。六要混合用药。既可降低农药的使用浓度，又可兼治各种有害生物，提高防治效果，降低人工费用。但混用必须增效，不能对人畜增加毒性，不能使有效成分发生化学变化而降低药效。七要轮换用药。轮换使用机制不同的农药，既可延缓病虫产生抗药性，也可减少农药的残留。八要按规定的安全间隔期用药。安全间隔期是指最后1次施药至果实采收允许的间隔天数。因此，严格按各种农药的安全间隔期在脐橙上施药，并不准在安全间隔期内采收脐橙，使果实中的农药残留量不超过最大的残留量。

130. 怎样选购农药？

答：目前市场农药很多，名称众多，同物名异，异物同名不少，更有防效之别，甚至真假难分。因此，科学的选购农药是不误农事和取得好的防效的关键。根据"产品知情，对症买药"的原则，坚持"八看"。

一看名称。2008年7月1日起生产的农药不能再用打大虫、草灭尽等商品名，只能用如吡虫啉、草甘膦等农药通用名称或简化通用名称。因此，选购时应注意看标签上农药名称下面标注的有效成分名称、含量及剂型是否清晰。不购买未标注有效成分名称及含量的农药。

二看"三证"号。"三证"是指农药登记证号、产品标准号、生产批准证号。国产农药必须具备三证。选购农药时可向经销商索取农药登记证复印件，与要购的农药核对，凡不一致的不应购买。

三看使用范围。一是选购标签上标注的适用柑橘（脐橙）和防治对象一致的农药。二是所标注农药的施用方法是否适合自己使用。三是当有多种产品可供选购时，应优选用量少、毒性低、残留小、安全性好的产品。

四看净含量。农药标签上应当标明产品的净含量（重量）。并用国家法定计量单位表示。通常固体农药用质量单位克或千克；液体农药以体积单位毫升或升表示，不购买净含量未标注或标注不明确的农药，要比较产品的净含量。

五看生产日期、有效期。农药标签上应有生产日期及批号，不购买未标注生产日期的农药。查农药标签上标注的有效期。不购买已过期的农药。

六看产品外观。粉状产品应为疏松粉末，无团块；颗粒产品应粗细均匀，不应含较多的粉末；乳油或水剂应为均匀的液体，无沉淀或悬浮物。悬浮剂或悬乳剂等半流动状态的液体应为可流动的悬浮液，无结块，长期存放可能有少量分层现象，但经摇晃后能恢复原状。

七看包装、标签。先看产品包装和标签外观，合格产品的包装规范、完整，标签和说明书也印制清晰。再看标签和说明书的内容是否齐全。内容包括：农药名称、有效成分及含量、剂型、"三证"、批文号、产品标准号、企业名称及联系方式、生产日期、产品批号、有效期、重量、产品性能、用途、使用技术和使用方法、毒性及标识、注意事项、中毒急救措施、贮存和运输方法、农药类别、象形图等内容。

八看价格。农药价格与有效成分及其含量、产品质量和包装规格等有关。购买可货比三家，首选长期使用效果好、诚信度高的企业生产的农药。不要购买价格与同类产品差价很大的农药，以防假冒。

十一、脐橙采收及产后处理

131. 怎样确定脐橙适宜的采收期？

答：我国脐橙品种众多，早熟的 10 月底～11 月初成熟，中熟的 11 月上旬～12 月底成熟，晚熟的次年 1 月～3 月初成熟。且又因种植区域不同，同一品种的成熟期也有差异。如罗伯逊脐橙在云南华宁县牛山果场 10 月中旬成熟，比地处重庆北碚的中国农业科学院柑橘研究所的罗伯逊脐橙提早成熟 20 多天。

脐橙的采收期通常应以成熟的生物学指标和市场需求指标确定。

(1) 成熟的生物学指标 脐橙果实的色泽因叶绿素的消褪而逐步呈现其固有的橙色、橙红色；果实的大小和外观达到正常成熟果实的大小和形态；果实的内质发生显著变化，果肉变软，果汁增多，酸含量减少，可溶性固形物和糖含量增加，果实的芳香物质开始形成，出现成熟时固有的香气。固酸比（可溶性固形物含量与酸含量之比）和糖酸比（糖含量与酸含量之比）达到正常成熟果实的指标。

(2) 市场需求指标 鲜销的脐橙果实要求有品种固有的色泽、风味和芳香，其果肉的内含物也要求达到一定的指标。外运销售的肉质开始软化，就（当）地销售的肉质已软化为采收适期。

脐橙采后作贮藏保鲜的果实，宜在果皮 2/3 转橙黄色，油胞充实，但果肉坚实尚未变软，果实已接近成熟时采收。未成熟和过熟的果实不宜用于贮藏保鲜。

此外，果实严禁早采，因为早采既影响产量，更影响品质，不利以优取胜。果实也不宜过熟采收，会影响贮藏运输，同时，如不采取必要的措施，如加强肥水管理，会使次年的花量减少，产量下降。

地处中亚带气候的重庆脐橙产区不同品种的适宜采收期：11月上旬的有汤姆逊脐橙、朋娜脐橙、清家脐橙、白柳脐橙和森田脐橙等；11月上、中旬的有罗伯逊脐橙、纽荷尔脐橙、林娜脐橙、丰脐、阿特伍德脐橙、卡特脐橙、费希尔脐橙、资源1号脐橙、罗伯逊35号脐橙、长宁4号脐橙、眉山9号脐橙等；11月中、下旬的有华盛顿脐橙、华红脐橙、长红脐橙、白柳脐橙、954脐橙、脐橙4号、福本脐橙等；11月下旬～12月上旬的有福罗斯特脐橙、春脐、奉节脐橙、粤引3号脐橙、92-1脐橙等；12月中、下旬的有石棉脐橙、粤引2号脐橙等，1～3月初成熟的有奉节晚脐、晚脐橙、晚棱脐橙、夏金脐橙、斑菲尔脐橙、鲍威尔脐橙、切斯勒特脐橙。

132. 怎样采收脐橙？

答：脐橙采收应做好采前的准备工作和把好采收质量关。

(1) 认真做好采前准备 采前准备包括工具准备、人工准备、场所准备和市场准备。

①工具准备：包括果剪、果梯、果篓、果箱（周转箱）的准备，特别是大型脐橙场（基地），应具有足够的果箱，以利脐橙装载和运输。

运输车辆应根据采收量，事前作好安排。

②人工准备：脐橙采果，都用人工，应提前做好人工的安排，以利顺利采果。

③场所准备：根据采收安排，做好果实采下来堆放场所的准备，用于鲜销或贮藏保鲜前的预贮。

④市场准备：根据市场（或贮藏保鲜）要求，有计划采收。

(2) 严把采收质量关 脐橙采果时，应遵循由下而上，由外向内的原则。先从树的最低和最外围的果实开始采剪，逐渐向上和向内采剪。采剪时，一手托住果实，一手持剪采果。为保证采收质量，通常采用复剪（两剪）法，即第一剪带果梗剪下果实，第二剪齐果蒂剪平（不伤萼片），严把采收质量关。

采收不可拉枝、拉果，尤其是远离身边的果实不可强拉硬采，以防拉松果蒂，甚至折断枝梢。

采果要轻拿、轻放、轻装和轻卸，以免伤果。对伤果、落地果、病虫果及等外果，应分别放置，不与好果混放。

注意不在雨天、有雾或露（雨）水未干时采果，以免引起烂果。

133. 脐橙商品化处理有哪些作用？趋向如何？

答：**(1) 作用** 脐橙果实的商品化处理是提高果品竞争力和果品价值的重要手段。随着社会的进步，人们生活水平的不断提高，消费者在重视果品的安全、营养、保健、口感的同时，也对外观质量提出了高的要求，果实通过商品化处理，可大大提高果实的外观质量和品质，提高果品的商品价值，提高竞争力，从而较大幅度地增加效益。

脐橙的商品化处理要进行果实清洗。脐橙果实生长期较长，短者7～8个月（早熟脐橙），长者11～12个月（晚熟脐橙），在果园容易受尘埃、农药、化肥、微生物、病菌等的污染，经过清洗可去除果面上的尘埃、污斑和病菌，洁净果面，降低果实的腐烂率。

脐橙商品化处理要进行果实的打蜡。果实打蜡的主要作用是增强果面的光洁度，减少果实的水分损失，降低果实的腐烂率和保持果实的品质。脐橙果实打蜡后，果面光滑亮丽，色泽鲜艳；蜡液在果面上形成膜后，能对果皮气孔和皮孔不同程度堵塞，减少空气接触面，降低果面和果肉氧气浓度，隔离病菌等。据中国农业科学院柑橘研究所试验，甜橙（脐橙）打蜡后 45 天与对照相比，失重率降低 2～3 个百分点，腐烂率降低 6 个百分点，呼吸强度降低，营养物质含量不同程度地提高，明显减轻了果实皱缩萎蔫，果实外观明显提高。

脐橙的商品化处理要进行果实的分级、贴标和包装。分级可提高果实的整齐度，有利实行按质论价。包装除了对果实装载运输保护外，还有装潢、产品宣传等作用。贴标具品牌宣传、品牌创建作用，也便于消费者的选购。

（2）趋向

①无毒无害：今后消费者对果品的消费，除注重外观、内质外，更会注重果品的安全性，因此，果实商品化处理中所需的清洁剂、蜡液、防腐剂，必须是无毒、无害。

②全果测定：果实内质的非破坏性测定和有害物质测定技术在分级中应用。主要的营养物质（糖、有机酸、维生素等）和有害物质测定技术融合到柑橘采后商品化处理线中，这种先进技术检测通过的果品等级，才能真正体现果品的质量。

③自动操作：果实采后的商品化处理操作的超低劳动强度和自动化，是先进处理技术的重要方面。随着机械工业和计算机技术的发展，果品商品化处理的全机械化和自动控制将成为现实，包括搬运、传送、清洗、烘干、打蜡、检测、分级、容器生产和包装的全过程。

④生物技术：生物技术在脐橙果实采后处理中的应用。包括生物（拮抗菌）防腐技术、基因控制防止衰老技术等在果实处理中的应用，对防止果实腐烂，保持新鲜度和品质有重要作用。

134. 脐橙的分级标准、果实的等级指标及安全卫生指标有哪些?

答：脐橙在各类柑橘中属大果型。鲜销脐橙分级标准：共六级，即 2L 级，果径＜95～85 毫米，L 级，果径＜85～80 毫米，M 级，果径＜80～75 毫米，S 级，果径＜75～70 毫米，2S 级，果径＜70～65 毫米，等外级，果径＜65 毫米或＞95 毫米。

等级指标：分特等品、一等品和二等品，详见表 11-1 脐橙果实等级指标。

表 11-1　脐橙果实等级指标

项目		特等品	一等品	二等品
果形		具有该品种典型特征，果形一致，果蒂青绿完整平齐	具有该品种形状特征，果形较一致，果蒂完整平齐	具有该品种类似特征，无明显畸形，果蒂完整
果面	色泽	具该品种典型色泽，完全均匀着色	具该品种典型色泽，75％以上果面均匀着色	具有该品种典型特征，35％以下果面较均匀着色
	缺陷	果皮光滑；无霉伤、日灼、干疤；允许单个果有极轻微油斑、菌迹、药迹等缺陷。但单果斑点不超过 2 个，每个斑点直径≤1.5 毫米。无水肿、枯水、浮皮果	果皮较光滑；无霉伤；允许单个果有轻微日灼、干疤、油斑、菌迹、药迹等缺陷。但单果斑点不超过 4 个，每个斑点直径≤2.5 毫米。无水肿、枯水果，允许有极轻微浮皮果	果面较光洁；允许单个果有轻微霉伤、日灼、干疤、油斑、菌迹、药迹等缺陷。单果斑点不超过 6 个，每个斑点直径≤3.0 毫米。无水肿果，允许有轻微枯水、浮皮果

安全卫生指标：见表 11-2。

表 11-2　果实的安全卫生指标（单位：毫克/千克）

通用名	指　标
砷（以 As 计）	≤0.5
铅（以 Pb 计）	≤0.2
汞（以 Hg 计）	≤0.01
甲基硫菌灵	≤10.0
毒死蜱	≤1.0
杀扑磷	≤2.0
氯氟氰菊酯	≤0.2
氯氰菊酯	≤2.0

(续)

通用名	指　标
溴氰菊酯	$\leqslant 0.1$
氰戊菊酯	$\leqslant 2.0$
敌敌畏	$\leqslant 0.2$
乐果	$\leqslant 2.0$
喹硫磷	$\leqslant 0.5$
除虫脲	$\leqslant 1.0$
辛硫磷	$\leqslant 0.05$
抗蚜威	$\leqslant 0.5$

注：禁止使用的农药在脐橙果实不得检出。

135. 脐橙怎样进行分级？

答：分级分手工用分组（级）板和机器的打蜡分级机。

(1) 分组（级）板 常用于手工分级（组）工具，分级时将分组（级）板用支架支撑，下置果箱，分级人员手拿果实从小孔至大孔比漏（切勿从大孔到小孔比漏），以确保漏下的洞孔为该组的果实。为了正确地分级，必须注意以下事项：一是分组（级）板必须经过检查，每孔误差不得超过 0.5 毫米。二是分级时果实要拿端正，切忌横漏或斜漏，漏果时应用手接住，轻放入箱，不准随其坠落，以免导致果实新伤。三是自由漏下，不能用力将果实从孔中按下。

(2) 打蜡分级机 打蜡分级机通常由提升传送带、洗涤箱、打蜡抛光带、烘干箱、选果台和分级箱等 6 部分组成。

①提升传送带：由数个辊筒组成滚动式运输带，将果实传送入清水池。

②洗涤装置：洗涤由漂洗、涂清洁剂、淋洗 3 个程序完成。漂洗水箱：盛清水（可加允许的杀菌剂），并由一抽水泵使箱内水不断循环流动，以利除去果面部分脏物和混在果中的枝叶等。水箱上面附设一传送带，可供已漂洗果实传到下一个程序。清洁

剂刷洗和清水淋洗带：该部分上方由一微型喷洒清洁剂的喷头和一组喷水喷头前后组成，下方是一组毛刷辊筒组成的洗刷传送带。果实到达后，果面即被涂上清洁剂，经毛刷洗刷去污，接着传送到喷水喷头下进行淋洗，清除果面的脏污和清洁剂，经清洗过的果实传送到打蜡抛光带。

③打蜡抛光带：该工段由一排泡沫辊筒和一排特别的外包马鬃的铝筒制成的打蜡刷前后组成。经过清洗的果实，先经过泡沫辊筒擦干，减少果面的水渍，再进入打蜡工段。经过上方的喷蜡咀喷上蜡液或杀菌剂等，再经打蜡毛刷旋转抛打，被均匀地涂上一层蜡液，打过蜡的果实进入烘干箱。

④烘干箱：以柴油燃烧产生 50～60℃ 的热空气，由鼓风机吹送到烘干箱内，使通过烘干箱的果实表面蜡液干燥，形成光洁透亮的蜡膜。

⑤选果台：由数个传送辊筒组成一个平台，经打蜡的果实，由传送带送到平台，平展地不断翻动，由人工剔除劣果，使优质果进入自动分组带。

⑥分级装箱：可按 6 个等级大小进行分级，等级的大小通过调节辊筒距离来控制。果实在上面传送滚动时，由小到大筛选出等级不同的果实，选漏的果实自动滚入果箱。

打蜡包装机生产线全部工艺流程：

原料→漂洗→清洁剂洗刷→清水洗刷→擦洗（干）→涂蜡（或喷涂允许的杀菌剂）→抛光→烘干→选果→分级→装箱（装袋）→成品。

分级全过程，不论是手工或是机器都应在无污染的环境条件下进行，使用的杀菌剂等，应符合无公害脐橙的要求。

136. 脐橙怎样进行包装、运输？

答：脐橙果实包装的目的是为了在运输过程中果实不受机械

损伤，保持新鲜，防止污染和避免散落和损失。包装可减弱果实的呼吸强度，减少果实的水分蒸发，降低自然失重损耗，减少果实之间病菌传播机会和果实与果实之间、果实与果箱之间摩擦而造成的腐损。果实包装后，特别是装饰性包装（礼品包装）还可增加对消费者的吸引力和扩大脐橙的销路。

(1) 对包装的要求

①脐橙包装厂（场）场地应通风、防潮、防晒，温度 25～30℃，相对湿度 60%～90%，干净整洁，无污染物，不能存放有毒、有异味物品。

②内包装可采用单果包装，但包装材料应清洁，质地细致柔软、无污染，也可经分级后的果实直接装箱。

③果品装箱应排列整齐，内可用清洁、无毒的柔韧物衬垫。果箱用瓦楞纸箱，结构应牢固适用，且干燥、无霉变、虫蛀、污染。

④每批次包装箱规格应做到一致，其规格可按 GB/T 136T07（苹果、柑橘包装）规定执行，且每箱净重不超过 20 千克，或按客户要求包装。

⑤脐橙的包装上应标志产品的商品名称、净重量、规格、产地、采收日期、包装日期、生产单位、执行标准代号及商品商标内容。

(2) 包装技术

①纸包或薄膜包：每一果实包一张纸，交头裹紧。脐橙交头在果蒂部或果顶部。装箱时包果纸交头应全部向下。

②包装：果实包装好后即应装入果箱，一个箱内只能装同一品种，同一个级别的果实，外销果应按规定的个数装箱。装箱应按规定排列，底层果蒂一律向上，上层果底一律向下。果形长的纽荷尔脐橙等品种，可横放，底层应摆均匀，以后各层注意大小、高矮搭配，以果箱装平为度。装箱前先要垫好箱纸，两端各留半截纸作为盖纸，装果后折盖在果实上面。果实装毕应分组堆

放，并注意保护果箱，防止受潮、虫蛀、鼠咬。

③成件：按要求封箱，做好标志、待运。

(3) 运输 脐橙果实运输是果实采后到入库贮藏或应市销售过程中必须经过的生产环节。运输质量直接影响脐橙果实的耐贮性、安全性和经济效益。严禁运输过程中对果实的再污染。

①对运输的要求：脐橙果实的运输，应做到快装、快运、快卸。严禁日晒雨淋，装卸、搬运时要轻拿轻放，严禁乱丢乱掷。

运输的装运工具（如汽车、火车车厢、轮船的装运舱等）应清洁、干燥、无异味。长途运输宜采用冷藏运输工具。

脐橙果实的最适运输温度 3～5℃。

②运输方式：分短途运输和长途运输。短途运输是指脐橙果园到包装场（厂）、库房、收购站或就地销售的运输。短途运输要求浅箱装运，轻拿轻放，避免擦、挤、压、碰而损伤果实。长途运输系指脐橙果品通过汽车、火车、轮船等运往销售市场或出口。长途运输最好用冷藏运输工具，但难以全部采用。目前，运货火车有机械保温车、普通保温车和棚车 3 种，其中以机械保温车为优。

③运输途中管理：运输途中管理是运输成功的重要环节。运输途中应根据脐橙果实对运输环境（温度、湿度等）的要求进行管理，以减少运输中果实的损失。当温度超过适宜温度时，可打开保温车的通风箱盖，或半开车门，以通风降温；当车厢外气温降到 0℃ 以下时，则堵塞通风口，有条件的，温度太低时可以加温。

137. 脐橙保鲜中有哪些变化？有哪些因子影响其保鲜？

答：脐橙的贮藏保鲜，是通过人为的技术措施，使采摘后的果实或已成熟挂在树上的果实，延缓衰老，并尽可能地保持其固有的品质（外观和内质），使果品能排开季节，周年供应。鉴于脐橙果实采后或成熟后挂树贮藏仍是一个活体，会继续进行呼吸作用，消耗养分，故应采取保鲜技术，才能避免果实腐烂和损耗。

脐橙果实的贮藏保鲜，必须在无污染的条件下进行。

(1) 果实在贮藏中的变化 脐橙果实的采后贮藏保鲜，常分为常温贮藏保鲜和低温贮藏保鲜。常温贮藏保鲜果实的变化大多向坏的方向发展，如果实失水萎蔫、生理代谢失调、抗病能力减弱，糖、酸和维生素 C 含量降低，香气减少，风味变淡等。低温贮藏保鲜的果实，由于可人为地控制温度和湿度，甚至调节气体成分，可使常温中出现这些变化减缓，控制在一定的限度以内。酸是脐橙果实贮藏中消耗的主要基质，糖也消耗一部分，但因水分减少，故有时糖分的相对浓度并未下降。脐橙贮藏的时间，一般以 2～3 个月为宜，因品种不同，贮藏保鲜时间有异，如纽荷尔脐橙的耐贮藏性比其他品种好。贮藏保鲜时间之长短更应看市场的需求，注重经济效益，做到该售就售，决不惜售。

(2) 影响果实贮藏保鲜的因子 影响果实贮藏保鲜的因子很多，其主要的因子是：

①种类品种不同，贮藏性各异：种类、品种不同耐贮性有差异。种类的耐贮性大致依次如下：中国系、欧美系、日本系；不同品种（品系）的耐贮性大致依次如下：新-7904、新-7802、福罗斯特、纽荷尔、大三岛、林娜、清家、白柳、朋娜。

②砧木不同，贮藏性各异：用枳、红橘作脐橙的砧木，果实的耐贮藏性好。

③树体生长结果不同，贮藏性各异：通常青壮树比幼龄树、过分衰老的树所结的果实耐贮藏。长势健壮树结的果实比长势过旺的树结的果实耐贮藏。结果过多，肥水跟不上，果小色差，果实的耐贮性也差；因大肥大水，果虽大，但皮厚色差味淡的果实，也不耐贮藏。结果部位通常向阳面的果实、中部和外部的果实比背阳面、下部和内膛结的果实耐贮藏。

④栽培技术不同，贮藏性各异：一是修剪、疏花、疏果。经修剪、疏花、疏果留下的果实，因通风透光条件改善，营养充足，果实充实，品质好，耐贮藏。二是合理施肥，能增加果实的贮藏性。通常施氮肥的同时多施钾肥，果实酸含量提高，贮藏性增加；反之，施氮肥时少施钾肥，果实的贮藏性降低。三是科学灌水。凡根据脐橙果树需要进行灌溉的果实品质和耐贮藏性好，但果实采收前2～3周若灌水太多，会延迟果实成熟，着色差，果实不耐贮藏。四是采前喷允许的生长调节剂、杀菌剂或其他营养元素的可增加果实的贮藏性。五是采收质量高，果实耐贮藏。六是装运条件采取装载适度、轻装轻卸，运输中不使果实震动太大而受伤，可使果实保持完好而耐贮藏。

⑤环境条件不同，贮藏性各异：环境条件主要是气温、光照、雨量等。温度，尤其是冬季的温度影响果实的贮藏性。冬季气温过高，果实色泽淡黄，使果实贮藏性变差；反之，冬季连续适度的低温，可增加果实的贮藏性。因温度高，呼吸作用大，消耗养分多，果实保鲜时间越短。此外，微生物的活动在一定的温度范围内随温度的升高而加快，通常，常温保鲜的果实，开春后易腐烂，风味变淡，主要是果实呼吸作用加强和微生物活动加快所致。当然，温度过低也会引起对果实的伤害。湿度，主要影响贮藏果实水分蒸发的速度。湿度大，果实失水少；反之则相反。一般脐橙果实含85%～90%的水分，水分过少，果实会萎蔫；水分过多，果实会腐烂。气体成分与果实贮藏保鲜关系密切，有氧的情况下，果实能正常地进行有氧呼吸；氧气不足的情况下，果实进行不正常的缺氧呼吸，不仅产生乙醇使果实变味，而且产生同样的能量，比正常有氧呼吸消耗的营养物质多得多。有时为延长果实保鲜期，而用提高二氧化碳的浓度来降低果实的呼吸强度，但浓度不能过高，否则会产生生理性病害。通常要求，脐橙果实贮藏的氧气浓度不低于19%，二氧化碳浓度不超过2%～4%。贮藏的环境条件，如贮藏场所、包装容器、运载工具等，

要进行消毒，防止果实再污染。有报道，脐橙保鲜105天，环境消毒与不消毒，果实的腐烂率分别为1.7%和14%。

138. 脐橙怎样进行贮藏保鲜?

答：脐橙果实的贮藏保鲜技术有采后贮藏保鲜和留树保鲜之分。采后贮藏保鲜有药剂保鲜、包薄膜保鲜和打蜡（喷涂）保鲜等。

(1) 采后贮藏保鲜

①药剂保鲜：所有保鲜药剂必须是脐橙允许的，不许用2,4-D。

②薄膜包果：薄膜包果可降低果实贮藏保鲜期间的失重，减少褐斑（干疤），使果实新鲜饱满，风味正常。此外，薄膜单果包果还有隔离作用，可减少病害发生。

目前，薄膜包果常用0.008～0.01毫米厚的聚乙烯薄膜，且制成薄膜袋，既成本低，又使用方便。

③喷涂蜡液：喷涂蜡液，可提高果实的商品性。一般喷涂蜡后30天内将果实销售完毕。

(2) 留（挂）树贮藏保鲜 脐橙留树贮藏保鲜，在国外，如美国已成为常规的生产技术。目前脐橙品种尚未实现早、中、晚熟品种配套，做到排开季节，周年应市的情况下，脐橙的留树保鲜不失为可采用的措施。

脐橙留树保鲜应注意以下几点：

①防止冬季落果：为防止冬季落果和果实衰老，在果实尚未产生离层前，对植株喷布1～2次浓度为10～20毫克/千克的赤毒素，间隔20～30天再喷1次。

②加强肥水管理：在9月下旬至10月下旬施有机肥，以供保果和促进花芽分化。若冬季较干旱，应注意灌水，只要肥水管理跟上，就不会影响脐橙翌年的产量。

③掌握挂（留）果期限：应在果实品质下降前采收完毕。

④防止果实受冻：冬季气温 0℃ 以下的地区，一般不宜进行果实的留（挂）树贮藏。

⑤避免连续进行：一般留（挂）树贮藏 2～3 年，间歇（不留树贮藏）1 年为好。

主要参考资料

[1] 沈兆敏. 中国柑橘技术大全. 成都：四川科学技术出版社，1992

[2] 张秋明等. 脐橙高产栽培技术. 长沙：湖南科学技术出版社，1992

[3] 吴金虎等. 脐橙早果丰产技术. 天津：天津教育出版社，1993

[4] 石健泉等. 脐橙高产栽培技术. 南宁：广西科学技术出版社，1998

[5] 沈兆敏等. 脐橙优质丰产技术. 北京：金盾出版社，2003

[6] 沈兆敏. 甜橙柚柠檬良种引种指导. 北京：金盾出版社，2004

[7] 任伊森等. 柑橘病虫草害防治彩色图谱. 北京：中国农业出版社，2004

[8] 吕印谱等. 新编常用农药使用简明手册. 北京：中国农业出版社，2004

[9] 吴涛. 中国柑橘实用技术文献精编（上、下）. 重庆：中国南方果树杂志社，2004

[10] 陈杰. 美国纽荷尔脐橙优质高产栽培. 北京：金盾出版社，2006

[11] 沈兆敏. 脐橙优良品种及无公害栽培技术. 北京：中国农业出版社，2006

[12] 沈兆敏等. 中国现代柑橘技术. 北京：金盾出版社，2008

图书在版编目（CIP）数据

脐橙生产关键技术百问百答/沈兆敏等编著．—北京：
中国农业出版社，2009.1（2020.3重印）
ISBN 978 - 7 - 109 - 13302 - 0

Ⅰ. 脐…　Ⅱ. 沈…　Ⅲ. 橙子－果树园艺－问答　Ⅳ.
S666.4 - 44

中国版本图书馆 CIP 数据核字（2008）第 201594 号

中国农业出版社出版
（北京市朝阳区麦子店街 18 号楼）
（邮政编码 100125）
责任编辑　贺志清

中农印务有限公司印刷　新华书店北京发行所发行
2009 年 1 月第 1 版　2020 年 3 月北京第 2 次印刷

开本：850mm×1168mm　1/32　印张：7.625　插页：2
字数：190 千字
定价：28.00 元
（凡本版图书出现印刷、装订错误，请向出版社发行部调换）